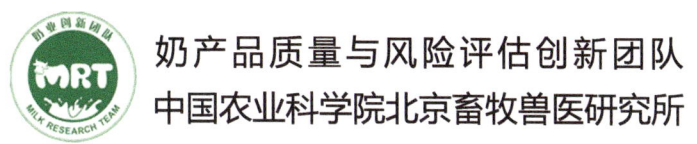
奶产品质量与风险评估创新团队
中国农业科学院北京畜牧兽医研究所

中国奶产品质量安全研究报告

(2024年)

王加启　主编

中国农业科学技术出版社

图书在版编目（CIP）数据

中国奶产品质量安全研究报告．2024年／王加启主编．-- 北京：中国农业科学技术出版社，2024．6．
ISBN 978-7-5116-6876-9

Ⅰ．TS252.7

中国国家版本馆CIP数据核字第2024RV8560号

责任编辑　金　迪
责任校对　李向荣
责任印制　姜义伟　王思文

出 版 者	中国农业科学技术出版社
	北京市中关村南大街12号　　邮编：100081
电　　话	（010）82106625（编辑室）　　（010）82106624（发行部）
	（010）82109709（读者服务部）
网　　址	https://castp.caas.cn
经 销 者	各地新华书店
印 刷 者	北京建宏印刷有限公司
开　　本	185mm×260mm　1/16
印　　张	7.5
字　　数	74千字
版　　次	2024年6月第1版　2024年6月第1次印刷
定　　价	98.00元

◆版权所有·侵权必究◆

《中国奶产品质量安全研究报告（2024年）》

编 委 会

主　任：李金祥　　李培武

副主任：张军民　　钱永忠　　张智山　　王加启

委　员（按姓氏笔画排序）：

王　冉　　王　强　　王凤忠　　刘　新

刘潇威　　李　熠　　邱　静　　陆柏益

陈兰珍　　欧阳喜辉　罗林广　　周昌艳

郑永权　　聂继云　　徐东辉　　郭燕枝

焦必宁

《中国奶产品质量安全研究报告（2024年）》

编写人员

主　编：王加启

副主编：郑　楠

编　者（按姓氏笔画排序）：

丁　武　　王　成　　王　勤　　王长法

王丽芳　　叶巧燕　　刘慧敏　　李　玲

李　栋　　李　琴　　李孟孟　　李爱军

杨祯妮　　张　昊　　张九凯　　张佩华

张养东　　张振威　　张晓音　　陈　贺

陈　勇　　陈　颖　　罗　军　　周振峰

郑百芹　　孟　璐　　赵圣国　　赵善仓

姚军虎　　顾　静　　顾佳升　　高亚男

唐文浩　　陶大利　　黄加祥　　韩荣伟

程广燕　　程建波　　曾庆坤　　褚　敏

前　言

绿色，孕育着希望。《中国奶产品质量安全研究报告》（简称"绿皮书"）以绿色为主色，寓意中国奶业肩负着人民健康的使命和强壮民族的希望。

奶类具有"基础营养"和"活性营养"双重功能，可为实现健康中国、强壮民族的目标发挥突出作用。

自2016年以来绿皮书每年发布，今年是第九年，其客观、科学地展现了奶业发展的状况，重点介绍奶业质量安全技术研究进展。

2023年，农业农村部奶产品质量安全风险评估实验室（北京）和国家奶业科技创新联盟联合全国25个省71家奶制品企业，对中国奶业的基本情况、国产奶质量安全情况、国产奶与进口奶质量安全水平比较、国家优质乳工程的实施成效进行了系统的分析和评估研究，同时对开展的特色畜奶特征品质相关研究进展进行了介绍。

本绿皮书立足于奶业创新团队的研究结果和国内外资料综述。在内容上，每年有不同的侧重点，而不是面面俱到，也不能解决或回答所有问题。编写本报告仅为做强做优我国奶业，为消费者能喝上优质奶、保障中国人自己的奶瓶子提供一点参考。不足之处，请批评指正。

目 录

第一章 中国奶业基本情况……………………………… 1
　　一、奶业生产 ……………………………………… 2
　　二、奶制品加工 …………………………………… 3
　　三、乳品消费 ……………………………………… 5
　　四、乳品贸易 ……………………………………… 7

第二章 国产奶质量安全情况……………………………… 9
　　一、奶制品安全高于全国食品安全平均水平 ……… 10
　　二、国产婴幼儿配方奶粉继续保持高质量安全水平 … 10
　　三、国产奶质量安全水平与欧盟比较 ……………… 11
　　四、奶制品消费行为趋于谨慎 ……………………… 12

第三章 国产奶与进口奶质量安全水平比较………………… 14
　　一、国产奶与进口奶安全水平比较 ………………… 15
　　二、国产奶与进口奶质量水平比较 ………………… 19

第四章 中国优质乳工程…………………………………… 30
　　一、优质乳工程企业总体介绍 ……………………… 31

二、优质乳工程产品抽检与复评审情况 …………… 32

三、优质乳产品质量评价 …………… 36

四、优质牧场原料奶质量评价 …………… 38

五、优质乳工程大事记 …………… 41

第五章 特色畜奶特征品质研究进展 …………… 64

一、不同畜奶中11种乳寡糖的定量分析及热处理
影响研究 …………… 65

二、基于蛋白组学的特色畜奶真实性鉴别技术研究 … 71

三、电子束辐照和巴氏杀菌山羊奶中关键风味
化合物及其前体的鉴定与表征 …………… 78

四、中国广西水牛品种对乳成分的影响 …………… 84

五、水牛初乳及常乳乳清蛋白中免疫性差异蛋白质
组分析 …………… 91

六、不同粗饲料对驴乳脂质和挥发性物质的影响 … 96

七、日粮添加酵母多糖对德州驴产奶量、驴乳
常规指标、免疫指标及血液代谢组的影响 … 101

参考文献 …………… 107

第一章 中国奶业基本情况

- ◆ 奶业生产
- ◆ 奶制品加工
- ◆ 乳品消费
- ◆ 乳品贸易

一、奶业生产

2023年，我国奶类总产量约4 281.3万t，其中牛奶产量4 196.7万t，比2022年增加265.1万t，同比增长6.7%（图1-1）。奶牛养殖规模化程度持续提升，据农业农村部监测数据，2023年100头以上的奶牛标准化规模养殖场占比达76%，同比提高5个百分点。奶牛养殖水平不断提高，已成为畜牧业中现代化水平最高的产业。全国奶牛养殖场（户）年末平均存栏为417头，比上年增加121头。奶站监测奶牛年末存栏648.1万头，奶牛单产9.4t/年，同比增加1.1%，

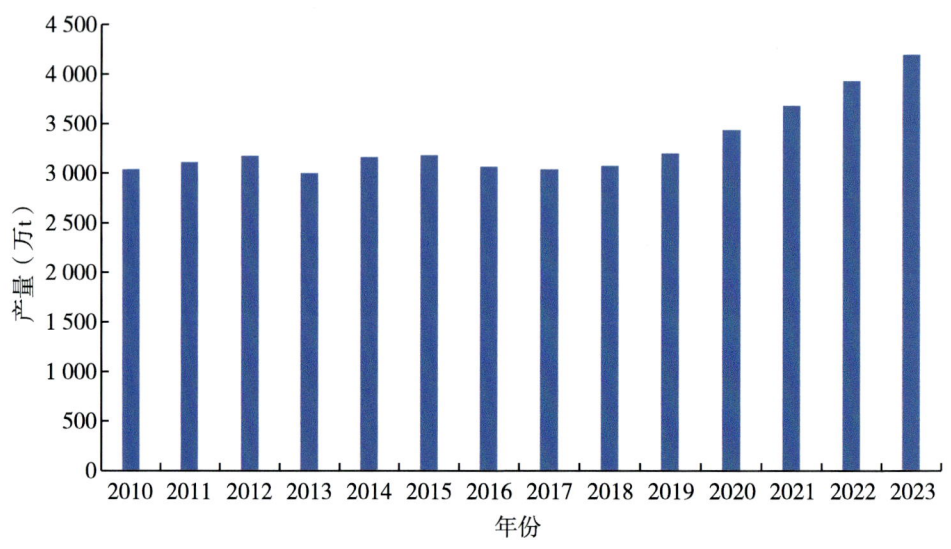

图1-1　2010—2023年我国牛奶产量

（数据来源：国家统计局，2023）

接近奶业发达国家水平，机械化、智能化水平全面提升。生鲜乳平均收购价格为3.75元/kg，同比下降10.5%。2023年国内奶牛养殖利益状况持续下滑，每头牛年亏损470元。

二、奶制品加工

据国家统计局数据，2023年我国规模以上奶制品企业累计产量3 054.6万t（图1-2），同比增长3.1%。其中，液态奶产量为2 860.4万t，同比增长2.8%；奶粉产量为87.2万t，同比下降1.4%。奶制品产量排名前十位的省份依次是内蒙古、河北、山东、宁夏、黑龙江、江苏、河南、湖北、安徽、陕西，产量合计2 154.1万t，占全国总产量的70.5%。从奶业区域布局来看，内蒙古、河北、山东的牛奶产量分别为473.0万t、377.2万t、258.0万t，分别占我国牛奶总产量的15.5%、12.3%、8.4%，排名前五的省份总产量占全国牛奶总产量的50.5%（图1-3）。国家统计局规模乳企监测数据显示，2023年全国奶制品加工销售总收入4 620.9亿元，同比增长2.6%，加工利润总额394.4亿元，同比增长12.2%，销售收入利润率为8.5%，比2022年高出0.7个百分点。

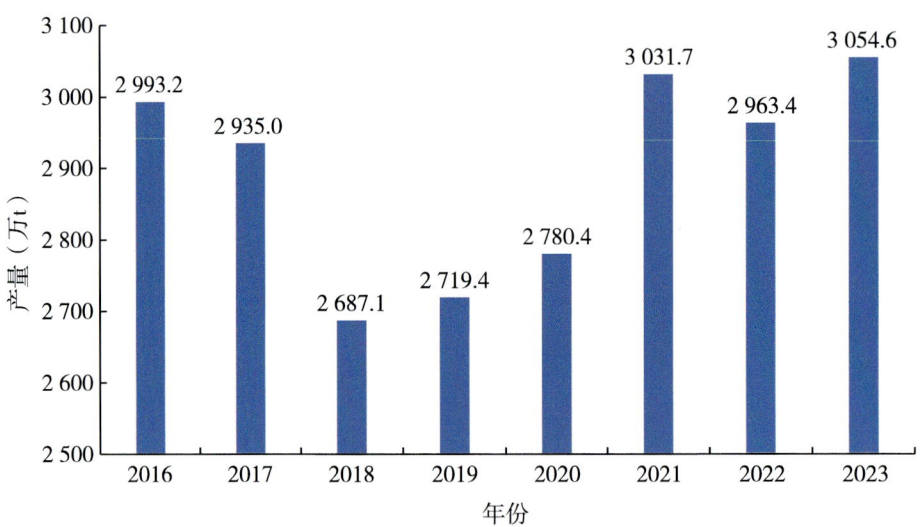

图1-2　2016—2023年规模以上奶制品企业累计产量

（数据来源：国家统计局，2023）

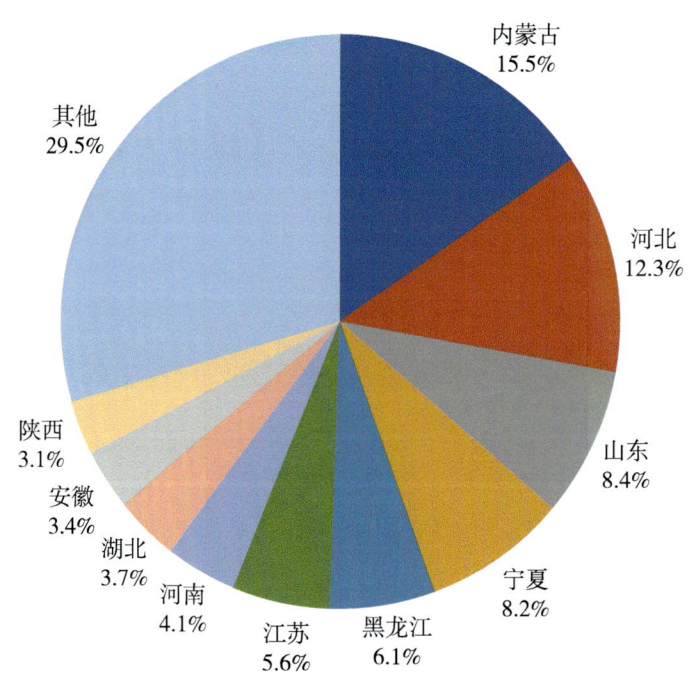

图1-3　2023年全国奶制品产量排名情况

（数据来源：国家统计局，2023）

三、乳品消费

根据国家统计局数据，2023年，中国奶类产量4 281.3万t，同比增长6.3%；乳制品产量3 054.6万t。同比增长3.1%，其中液态奶产量累计同比增长2.8%，年内增幅持续收窄。以表观消费量计算，2023年奶类消费总量折合原奶5 988万t，同比下降1.0%，如果考虑到喷粉、库存等因素，实际消费量下降幅度更大，全年人均奶类消费量41.3kg，同比下降1.5%，已连续两年小幅下降。我国人均奶类消费量较低，仅达到全球平均水平的39.9%，按《中国居民膳食指南（2022）》中每人每天300～500g奶及奶制品推荐摄入量计，当前居民消费量相当于推荐量的22.6%～37.7%，奶类在居民营养改善中发挥的作用还不充分，还有较大的增长潜力。

据多方数据监测，全年液态奶制品消费呈现小幅下降态势。据尼尔森消费监测数据，2023年液态奶（线下渠道）销售量同比下降3.7%；根据凯度消费者指数，2023年液态奶制品销售额同比增长率为-1.5%。从奶制品消费结构上看，纯牛奶销量保持正向微涨，主要是因其健康及必选属性消费需求相对较好，低温鲜奶销量基本与去年持平，酸奶是液态奶制品中销量下降幅度较大的品类，降幅在10%以上；奶酪销

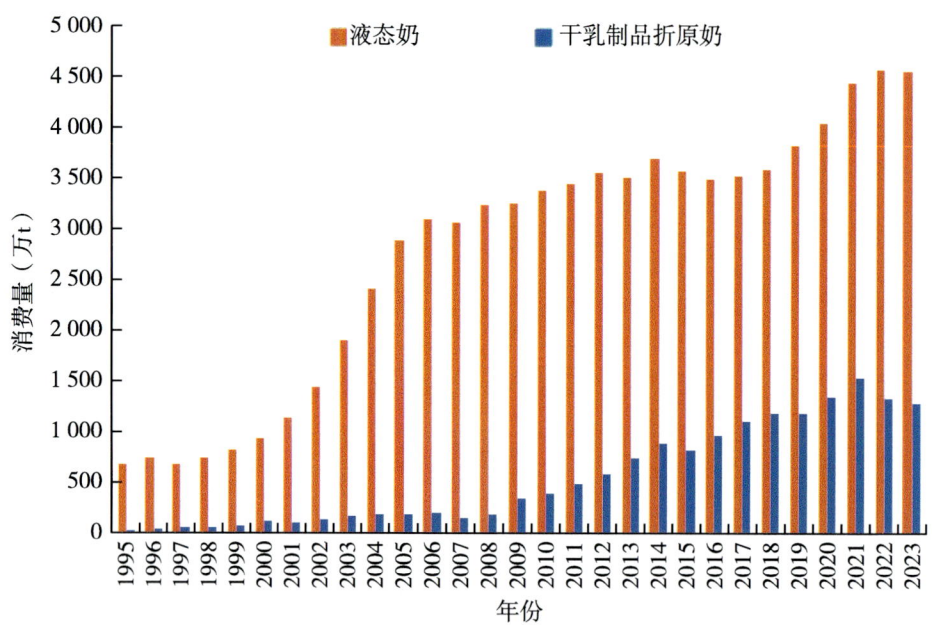

图1-4　1995—2023年我国液态奶和干乳制品消费趋势

（数据来源：农业农村部食物与营养发展研究所测算，2023）

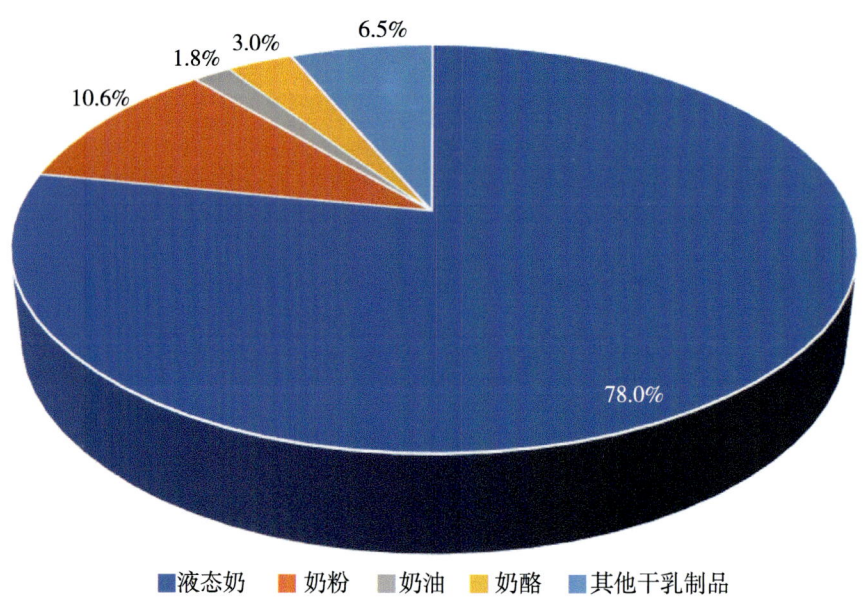

图1-5　2023年我国奶类消费结构

（数据来源：农业农村部食物与营养发展研究所测算，2023）

量同期降幅达20%以上，奶酪零售市场收缩明显。据测算，2023年，我国液态奶消费量4 561.7万t，人口以14.10亿计算，折合人均液态奶消费量32.4kg，与上一年基本持平，液态奶消费在我国居民奶类消费中占比继续回升至78.0%。从液态奶内部消费结构看，中国巴氏杀菌奶的市场占有率约为15.2%，灭菌奶占84.8%，低于发达国家平均水平。

四、乳品贸易

我国奶制品进口持续减少。据海关总署统计，2023年，我国进口奶制品的品种主要有包装牛奶、大包粉、乳清及婴幼儿配方奶粉，分别占进口总量的28.8%、27.5%、23.5%及7.9%（图1-6）。从干乳制品品类来看，进口大包粉77.7万t，同比减少25.0%；进口奶酪17.8万t，同比增长22.5%；进口婴幼儿配方奶粉22.3万t，同比减少16.0%；进口奶油13.1万t，同比减少8.6%；进口乳清66.3万t，同比增长9.4%（图1-7）。同期，我国共计出口各类奶制品5.8万t，同比增长30.7%，出口额2.6亿美元，同比上涨36.2%。

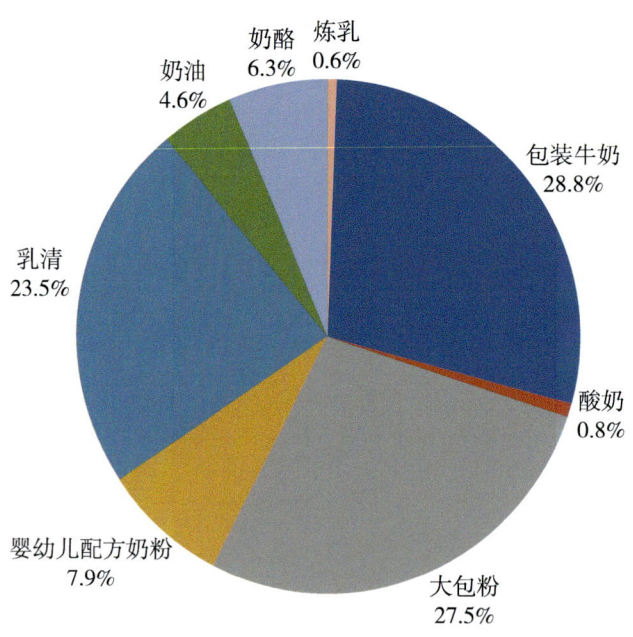

图1-6　2023年我国进口各类奶制品占比情况

（数据来源：中华人民共和国海关总署，2023）

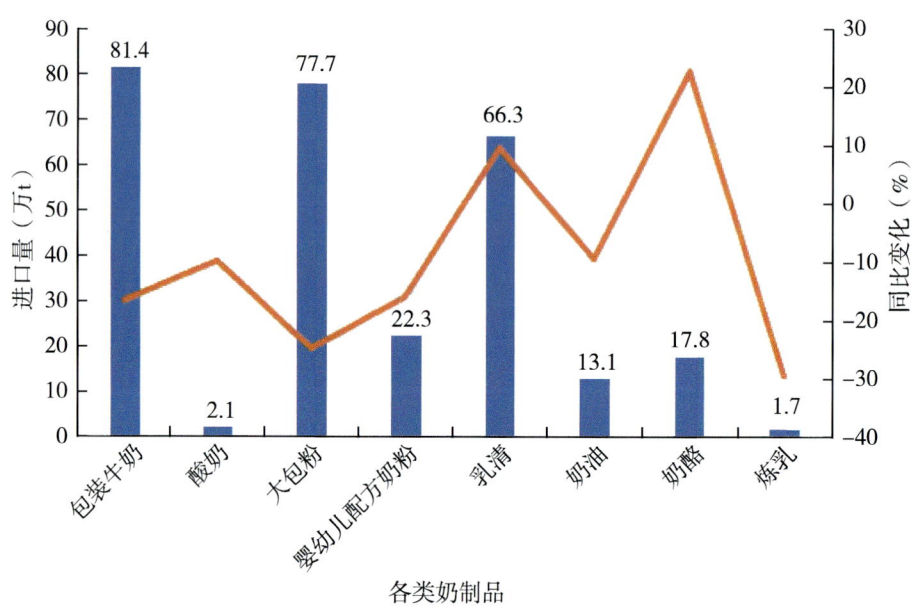

图1-7　2023年我国各类奶制品进口量和同比变化

（数据来源：中华人民共和国海关总署，2023）

第二章　国产奶质量安全情况

◆ 奶制品安全高于全国食品安全平均水平

◆ 国产婴幼儿配方奶粉继续保持高质量安全水平

◆ 国产奶质量安全水平与欧盟比较

◆ 奶制品消费行为趋于谨慎

一、奶制品安全高于全国食品安全平均水平

根据国家市场监督管理总局数据,2023年市场监管系统完成食品安全监督抽检699.74万批次,合格记录数680.65万批次,不合格记录数19.09万批次,总体不合格比例2.73%。其中奶制品样品抽检109 698批次,不合格产品146批次,合格比例99.87%,不合格比例0.13%(表2-1)。奶制品合格率高于食品合格率平均水平,国产奶质量安全水平不断提升。

表2-1 2021—2023年国内食品安全比较

项目	2021年		2022年		2023年	
	食品	奶制品	食品	奶制品	食品	奶制品
合格记录数(万)	676.7	10.0	637.6	9.7	680.65	10.96
不合格记录数(万)	18.7	0.01	18.8	0.01	19.09	0.01
不合格比例(%)	2.7	0.1	2.9	0.1	2.73	0.13

数据来源:国家市场监督管理总局。

二、国产婴幼儿配方奶粉继续保持高质量安全水平

近年来,市场监督管理总局组织开展奶制品质量提升

行动，按照放管服的要求，进一步完善奶制品监管的法律法规，推动中国奶制品的高质量发展。国家食品安全监督抽检结果显示，我国奶制品、婴幼儿配方奶粉合格率连续9年达到99.0%以上，违法添加物三聚氰胺连续14年抽检合格率100.0%。2023年共监督抽检婴幼儿配方奶粉8 453批次，检出不合格样品6批次，合格率为99.93%。

三、国产奶质量安全水平与欧盟比较

2023年，中国奶业乳蛋白、乳脂肪的抽检平均值分别为3.3%、3.9%，达到发达国家水平；菌落总数、体细胞数抽检平均值优于欧盟标准；婴幼儿配方奶粉中三聚氰胺等违禁添加物抽检合格率继续保持100.0%。当年，生鲜乳、奶制品抽检合格率均达到99.8%以上，而食品行业的整体合格率为97.3%，乳品安全位居整个食品行业前列。据欧盟食品与饲料快速预警系统（RASFF）统计数据，2023年欧盟食品不合格通报4 764起，其中奶产品相关115起，占2.4%。同年，中国奶制品抽检不合格率为0.1%，婴幼儿配方奶粉不合格率为0.07%，整体优于欧盟水平。

四、奶制品消费行为趋于谨慎

2023年户外出行放开后，我国经济不断恢复，但消费信心仍待提振。根据尼尔森IQ调研数据，2023年我国液态奶制品全渠道消费额同比下降3%。在饮奶人群中，"Z世代"（通常指1995—2009年出生的一代人）是新品类奶制品的消费主力军，钟情于奶茶、奶酪、披萨等；老年群体也是奶制品的高消费群体，每天奶制品摄入量达标率为28.8%，高于公众平均值。而中年人每天饮奶的比例略低，作为社会发展的中坚力量，扩大中年人的饮奶需求亟须关注。

2023年奶商指数报告显示，中国奶商指数为64.1分，比2022年增长0.9分，摄入习惯得分比2022年高9.5%，购买习惯得分比2022年提升11.7%，说明"越来越爱喝，越来越爱买"正成为喝奶行为中的两大特征。同时消费者更倾向于购买高价值、高品质产品。据尼尔森IQ数据，2023年常温白奶、低温鲜奶销售占比保持上涨，酸奶的销售占比不断收窄。常温白奶的销售占比为41.1%，较去年涨1.9个百分点。低温鲜奶前十新品中，蛋白升级成为出新重点，可见"为价值买单"成为消费关注点。同时在经济下行、食品涨价的背景下，消费者也变得更加谨慎，寻求低价替代品。2023年低温鲜奶前十新品主要以大包装为主，促销、折扣力度等因素对消费者购买行为的影响程度上升，表明消费者对于低温鲜奶的价格敏感性较高，在关注高附加值的同时也在追求高性价比。

第三章 国产奶与进口奶质量安全水平比较

- ◆ 国产奶与进口奶安全水平比较
- ◆ 国产奶与进口奶质量水平比较

第三章 国产奶与进口奶质量安全水平比较

农业农村部奶产品质量安全风险评估实验室（北京）延续从2015年开始的对我国大中城市销售的液态奶进行调研、检测和验证，2023年继续系统开展了我国市售国产与进口液态奶质量安全比较研究。这些研究得到了国家奶产品质量安全风险评估重大专项和国家奶业科技创新联盟（简称"联盟"）等的支持，也得到了社会各界的普遍认可。2023年的风险评估研究结果表明，我国奶制品安全风险完全处于受控范围，整体情况较好，质量水平显著高于进口液态奶制品。

一、国产奶与进口奶安全水平比较

（一）国产巴氏杀菌奶与进口巴氏杀菌奶安全指标比较

1. 黄曲霉毒素M_1

黄曲霉毒素M_1（Aflatoxin M_1，AFM_1）主要存在于奶中，是一种剧毒物质，具有较强的致病性，主要包括毒性和致癌性两种。国际癌症研究机构将AFM_1定为1类致癌物。AFM_1性质稳定，常见的牛奶加工方式无法破坏其结构，因此，各国对奶及奶制品中AFM_1限量的要求非常严格。

农业农村部奶产品质量安全风险评估实验室（北京）从2015年起开展了国产巴氏杀菌奶与进口巴氏杀菌奶中AFM_1的风险评估研究，连续9年研究结果表明，国产品牌与进口品牌AFM_1的含量均未超过我国和美国（≤0.50μg/kg）及欧盟（≤0.05μg/kg）的限量标准。

2. 兽药残留

奶牛饲养过程中，由于不合理使用治疗药物和饲料药物添加剂，可能导致生鲜乳中存在兽药残留现象。兽药残留是指用药后蓄积或存留于畜禽机体或产品（如鸡蛋、奶品、肉品等）中的原型药物或其代谢产物，包括与兽药有关的杂质残留。牛奶中的兽药残留主要来自奶牛疾病预防和治疗过程中所使用的药物。中国于2019年颁布实施的《食品安全国家标准 食品中兽药最大残留限量》（GB 31650—2019）对奶中兽药残留进行了规定。

农业农村部奶产品质量安全风险评估实验室（北京）从2015年起开展了国产巴氏杀菌奶与进口巴氏杀菌奶中兽药残留风险评估研究，结果表明国产品牌与进口品牌均不存在使用违禁兽药或超限量标准的情况。其中2023年开展了八大类

61种兽药残留状况的风险评估，未出现超标及违禁药物滥用现象。

3. 重金属铅

乳中重金属污染，主要是铅、铬、汞、砷等具有明显生物毒性的重金属，进入人体后较难排出，在累积效应下，会导致人体发生慢性中毒，甚至导致严重病变。

农业农村部奶产品质量安全风险评估实验室（北京）从2015年起开展了国产巴氏杀菌奶与进口巴氏杀菌奶中重金属铅的风险评估研究，结果表明国产品牌与进口品牌重金属铅含量均低于我国限量标准。

（二）国产UHT奶与进口UHT奶安全指标比较

1. 黄曲霉毒素M_1

农业农村部奶产品质量安全风险评估实验室（北京）从2013年起开展了国产UHT奶与进口UHT奶中AFM_1的风险评估研究，连续11年研究结果表明，国产品牌与进口品牌AFM_1的含量均未超过我国和美国（≤0.50μg/kg）及欧盟（≤0.05μg/kg）的限量标准。

2. 兽药残留

农业农村部奶产品质量安全风险评估实验室（北京）从2015年起连续开展了国产UHT奶与进口UHT奶中兽药残留风险评估研究，结果表明国产品牌与进口品牌均不存在使用违禁兽药或兽药残留超标的情况。

3. 重金属铅

农业农村部奶产品质量安全风险评估实验室（北京）从2015年起开展了国产UHT奶与进口UHT奶中重金属铅的风险评估研究，结果表明国产品牌与进口品牌UHT奶重金属铅含量均低于我国限量标准。

（三）小结

针对液态奶开展的2015—2023年连续9年的评价结果表明：国产液态奶与进口液态奶中AFM_1、兽药残留和重金属铅等主要安全因子无显著差异，均符合我国食品安全国家标准，并达到欧美安全限量标准。

二、国产奶与进口奶质量水平比较

（一）国产巴氏杀菌奶与进口巴氏杀菌奶质量指标比较

1. 国产巴氏杀菌奶与进口巴氏杀菌奶营养品质指标比较

（1）乳铁蛋白

乳铁蛋白（Lactoferrin，LF）是乳汁中一种重要的铁结合糖蛋白，属于转铁蛋白家族，其分子量为80kDa，主要由乳腺上皮细胞表达和分泌。乳铁蛋白存在于大多数哺乳动物的初乳、乳汁中（牛初乳中含量为1~2mg/mL，牛常乳中含量为0.1~0.4mg/mL）。牛乳铁蛋白与人乳铁蛋白的氨基酸序列同源性可达70%。乳铁蛋白被认为是一种重要的宿主防御分子，并具有其他多种生物学活性功能，如抗氧化、抗炎、抗癌和免疫调节等功能。

农业农村部奶产品质量安全风险评估实验室（北京）从2017年起开展了国产巴氏杀菌奶与进口巴氏杀菌奶中乳铁蛋白评估研究。2021—2023年，国产品牌乳铁蛋白含量平均值先降后升，维持在45.4mg/kg，而进口品牌乳铁蛋白含量平均值从7.9mg/kg上升至13.4mg/kg（图3-1）。国产品牌的乳铁蛋白含量平均值均显著高于进口品牌的乳铁蛋白含量平均值（$P<0.05$）。

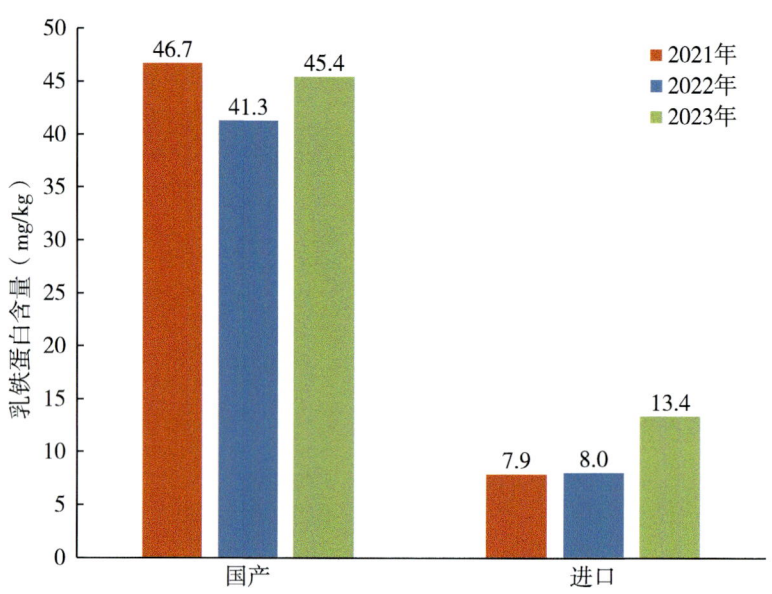

图3-1　巴氏杀菌奶乳铁蛋白含量比较

（2）β-乳球蛋白

β-乳球蛋白（β-lactoglobulin）是乳清蛋白主要成分之一，占总蛋白质的12%左右，占乳清蛋白的50%左右。β-乳球蛋白的水解物或分子修饰物可通过体内或体外酶解蛋白释放，在人体健康中发挥重要作用，具有抗高血压和低胆固醇血症、抗氧化及抗菌活性，是牛奶中的重要活性因子。

农业农村部奶产品质量安全风险评估实验室（北京）从2016年起开展了国产巴氏杀菌奶与进口巴氏杀菌奶中β-乳球

蛋白评估研究。2021—2023年，国产品牌β-乳球蛋白含量持续提升，平均值从2 997.7mg/kg上升至3 746.9mg/kg，而进口品牌β-乳球蛋白含量平均值从588.0mg/kg上升至783.0mg/kg（图3-2）。国产品牌的β-乳球蛋白含量平均值均显著高于进口品牌的β-乳球蛋白含量平均值（$P<0.05$）。

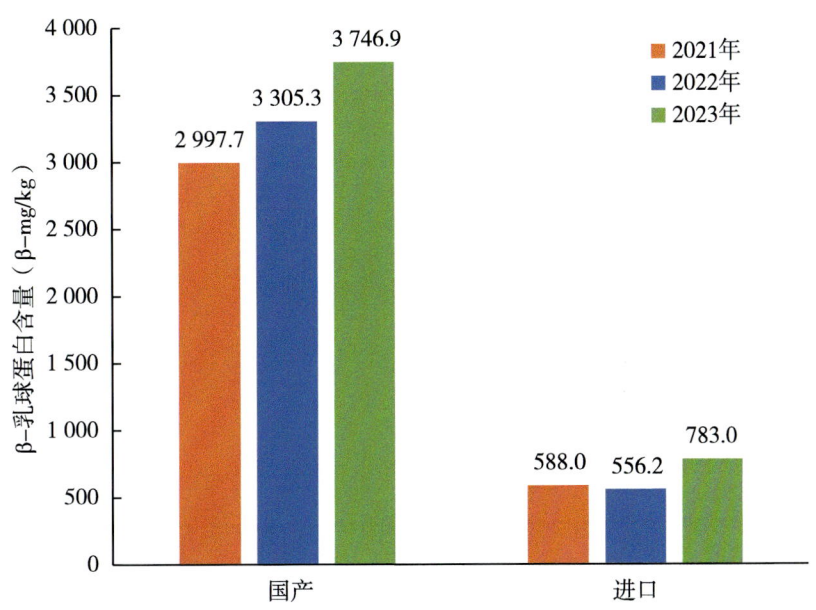

图3-2　巴氏杀菌奶β-乳球蛋白含量比较

（3）α-乳白蛋白

α-乳白蛋白（α-Lactalbumin）是乳清蛋白中最优质的蛋白质，占乳清蛋白含量的27%，具有调节产乳、细胞溶解活性，诱导细胞生长抑制和细胞凋亡等多种功能，并在调节睡眠、食欲、情绪和感官知觉中起着重要作用。

农业农村部奶产品质量安全风险评估实验室（北京）从2020年起开展了国产巴氏杀菌奶与进口巴氏杀菌奶中α-乳白蛋白评估研究。2021—2023年，国产品牌α-乳白蛋白含量平均值从975.4mg/kg上升至1 409.7mg/kg，进口品牌α-乳白蛋白含量平均值从490.8mg/kg上升至755.1mg/kg（图3-3）。国产品牌的α-乳白蛋白含量平均值显著高于进口品牌的α-乳白蛋白含量平均值（$P<0.05$）。

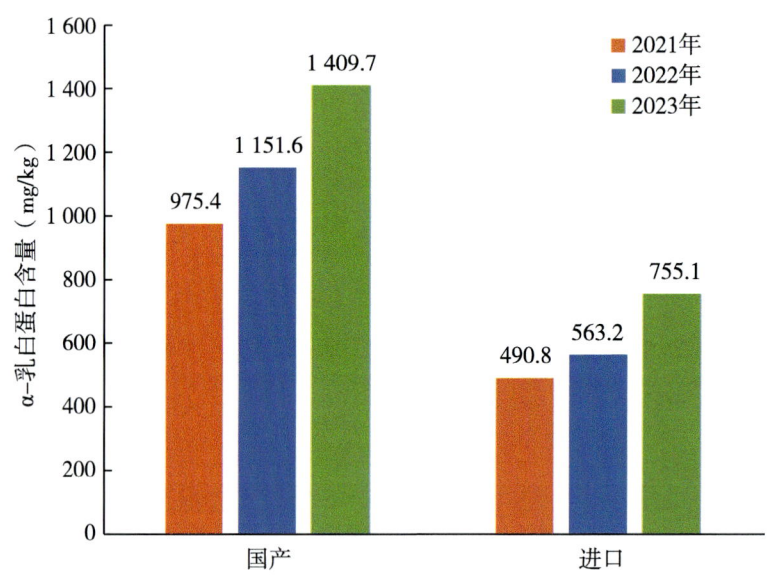

图3-3 巴氏杀菌奶α-乳白蛋白含量比较

2.国产巴氏杀菌奶与进口巴氏杀菌奶热伤害指标比较

（1）糠氨酸

国际上，糠氨酸（Furosine）含量是反映牛奶热加工程度的一个敏感指标。糠氨酸含量过高，表明牛奶的受热程度高、保存时间长或者运输距离远。生乳中糠氨酸含量微乎其微，为2～5mg/100g蛋白质，且含量不受奶牛品种和饲养环境变化影响。但是经过热加工后，奶制品中糠氨酸含量升高，其原因是乳中蛋白质的氨基在受热条件下，与乳糖的羰基发生了美拉德反应，生成糠氨酸。糠氨酸的含量主要与奶制品的加工工艺相关，反映了奶制品中赖氨酸的破坏程度，是奶制品中早期美拉德反应的特异性标示物，可指示奶制品热处理的强度。在牛奶中，糠氨酸经常作为评估牛奶营养物质热损伤程度的指标，糠氨酸的生成量与牛奶中活性营养成分含量呈负相关。糠氨酸还可以作为检测巴氏杀菌奶和UHT奶中是否添加复原乳的重要指标，因此，通过检测奶制品中的糠氨酸含量可以推测其热加工强度范围。

农业农村部奶产品质量安全风险评估实验室（北京）从2015年起开展了国产巴氏杀菌奶与进口巴氏杀菌奶中糠氨酸的风险评估研究，结果表明国产品牌的糠氨酸含量平均值均显著低于进口品牌的糠氨酸含量平均值（$P<0.05$）。2021—2023年，国产品牌糠氨酸含量平均值从12.6mg/100g蛋白质下降至10.7mg/100g蛋白质，而进口品牌糠氨酸含量平均值从45.2mg/100g蛋白质下降至35.7mg/100g蛋白质（图3-4）。

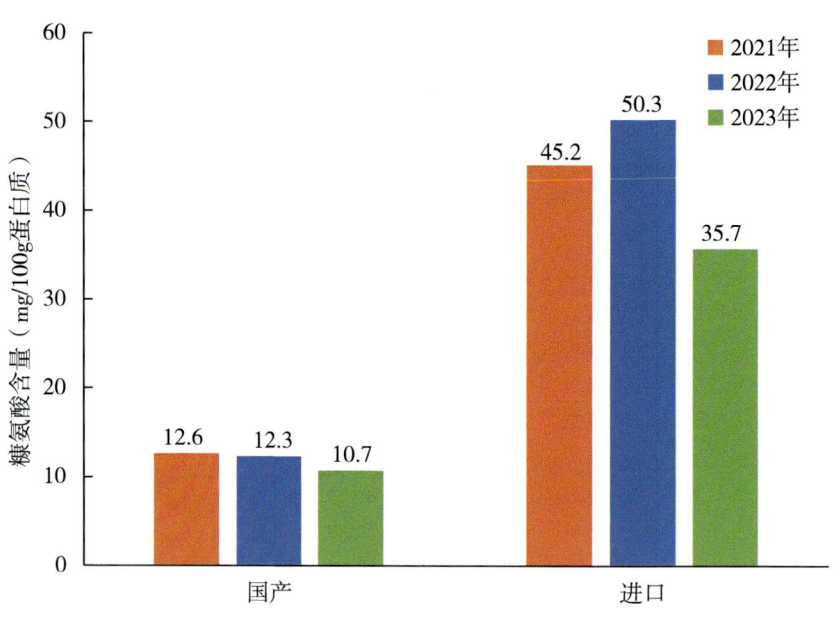

图3-4 巴氏杀菌奶糠氨酸含量比较

（2）乳果糖

乳果糖是由乳糖因热处理而异构化形成的，用于评估牛奶热处理的严重程度，其浓度可以区分不同热处理牛奶（如巴氏灭菌、UHT等），并能区分直接加工和间接加工工艺。农业农村部奶产品质量安全风险评估实验室（北京）从2020年起开展了国产巴氏杀菌奶与进口巴氏杀菌奶中乳果糖评估研究。2021—2023年，国产品牌与进口品牌乳果糖含量均呈下降趋势。国产品牌乳果糖含量平均值从37.1mg/L下降至26.3mg/L，进口品牌乳果糖含量平均值从82.6mg/L下降至52.5mg/L（图3-5）。

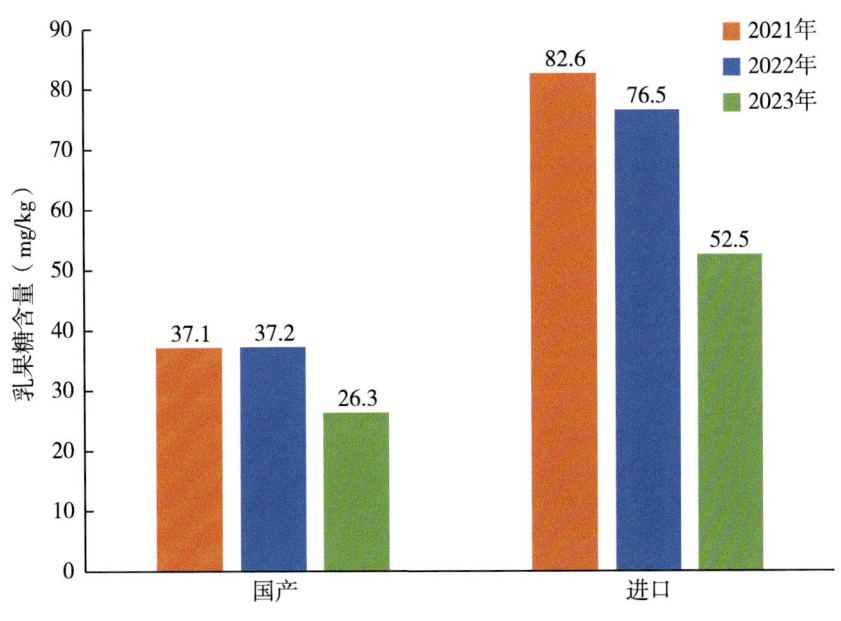

图3-5　巴氏杀菌奶乳果糖含量比较

（二）国产UHT奶与进口UHT奶质量指标比较

1. 国产UHT奶与进口UHT奶营养品质指标比较

（1）β-乳球蛋白

农业农村部奶产品质量安全风险评估实验室（北京）从2016年起开展了国产UHT奶与进口UHT奶中β-乳球蛋白评估研究。2021—2023年，国产品牌β-乳球蛋白含量提升，平均值从170.1mg/kg上升至245.1mg/kg，而进口品牌β-乳球蛋白含量平均值从59.5mg/kg上升至84.4mg/kg（图3-6）。国产品牌的β-乳球蛋白含量平均值均显著高于进口品牌的β-乳球蛋白含量平均值（$P<0.05$）。

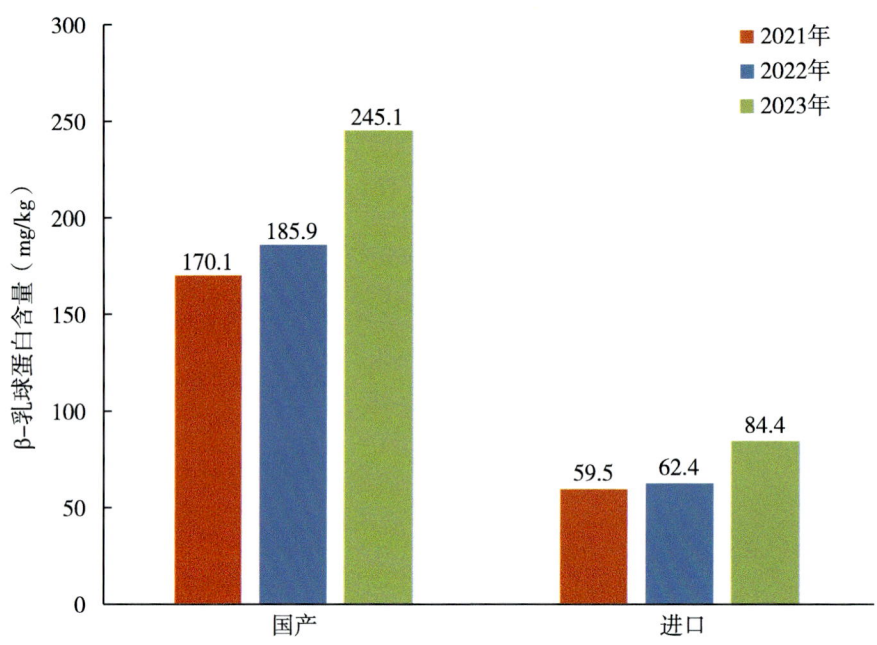

图3-6　UHT奶β-乳球蛋白含量比较

（2）α-乳白蛋白

农业农村部奶产品质量安全风险评估实验室（北京）从2022年起开展了国产UHT奶与进口UHT奶中α-乳白蛋白评估研究。2022—2023年，国产品牌α-乳白蛋白含量平均值从299.1mg/kg上升至349.2mg/kg，而进口品牌α-乳白蛋白含量平均值从151.1mg/kg上升至188.1mg/kg（图3-7）。

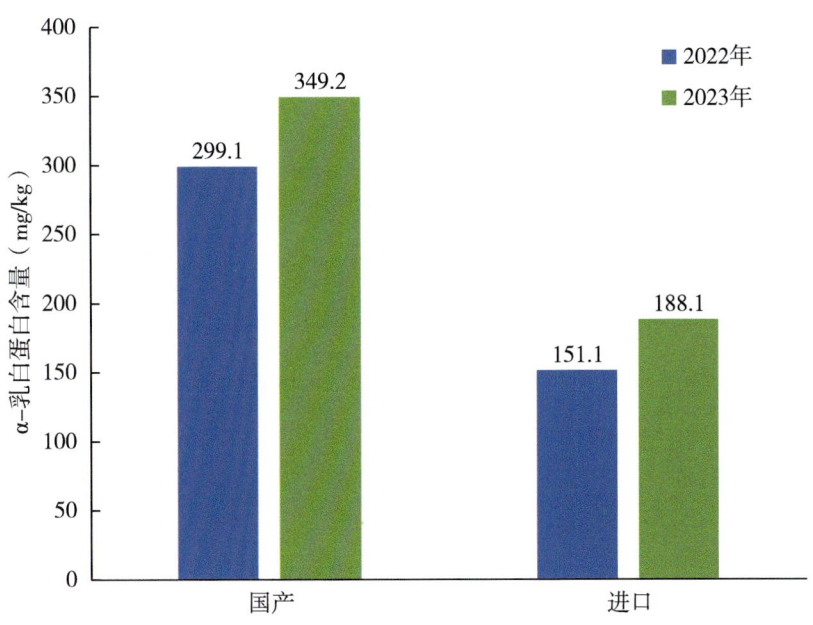

图3-7 UHT奶α-乳白蛋白含量比较

2. 国产UHT奶与进口UHT奶热伤害指标比较

（1）糠氨酸

农业农村部奶产品质量安全风险评估实验室（北京）从2015年起开展了国产UHT奶与进口UHT奶中糠氨酸的风险评估研究，连续9年研究结果表明，国产品牌的糠氨酸平均值均显著低于进口品牌的糠氨酸含量平均值（$P<0.05$）。2021—2023年，国产UHT奶糠氨酸含量平均值从124.2mg/100g蛋白质下降至123.5mg/100g蛋白质，进口UHT奶糠氨酸含量平均值亦呈下降趋势，从183.1mg/100g蛋白质降至171.1mg/100g蛋白质（图3-8），均低于国际

超高温瞬时灭菌乳的糠氨酸含量推荐标准250mg/100g蛋白质。

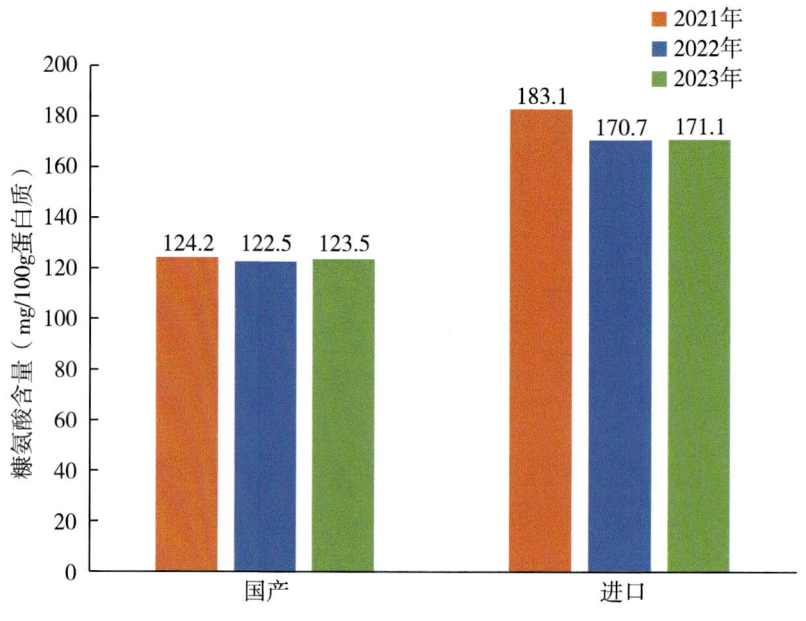

图3-8　UHT奶糠氨酸含量比较

（2）乳果糖

农业农村部奶产品质量安全风险评估实验室（北京）从2020年起开展了国产UHT奶与进口UHT奶中乳果糖评估研究。2021—2023年，国产品牌乳果糖含量平均值从415.8mg/L下降至350.5mg/L，而进口品牌乳果糖含量平均值从506.6mg/L上升至541.9mg/L（图3-9）。

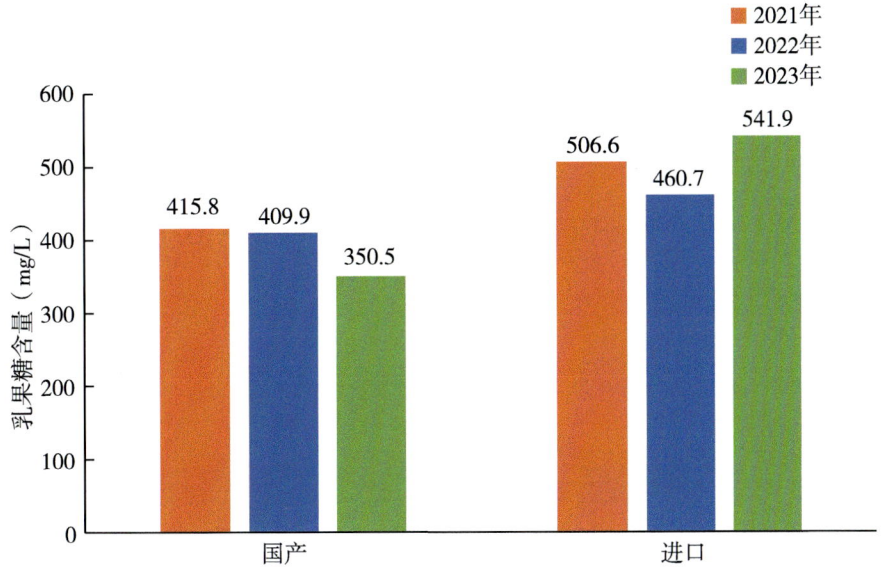

图3-9 UHT奶乳果糖含量比较

（三）小结

针对液态奶开展的2015—2023年连续9年的评价结果表明：进口液态奶的糠氨酸含量显著高于国产液态奶，而乳铁蛋白和β-乳球蛋白含量则显著低于国产液态奶。由此可见，进口液态奶制品存在过度加热或长期贮存的情况，造成其中乳铁蛋白等生物活性物质损失严重。

第四章 中国优质乳工程

- ◆ 优质乳工程企业总体介绍
- ◆ 优质乳工程产品抽检与复评审情况
- ◆ 优质乳产品质量评价
- ◆ 优质牧场原料奶质量评价
- ◆ 优质乳工程大事记

一、优质乳工程企业总体介绍

2016年至今，申请加入实施优质乳工程企业共71家，分布在全国28个省（自治区、直辖市）。截至2023年底，已通过国家奶业科技创新联盟优质乳工程验收的企业41家，其中2016年验收3家企业，2017年新增验收11家企业，2018年新增验收14家企业，2019年新增验收1家企业，2020年新增验收1家企业，2021年新增验收5家企业，2022年新增验收5家企业，2023年新增验收1家企业。另外，尚有30家企业正在实施优质乳工程（图4-1，图4-2）。

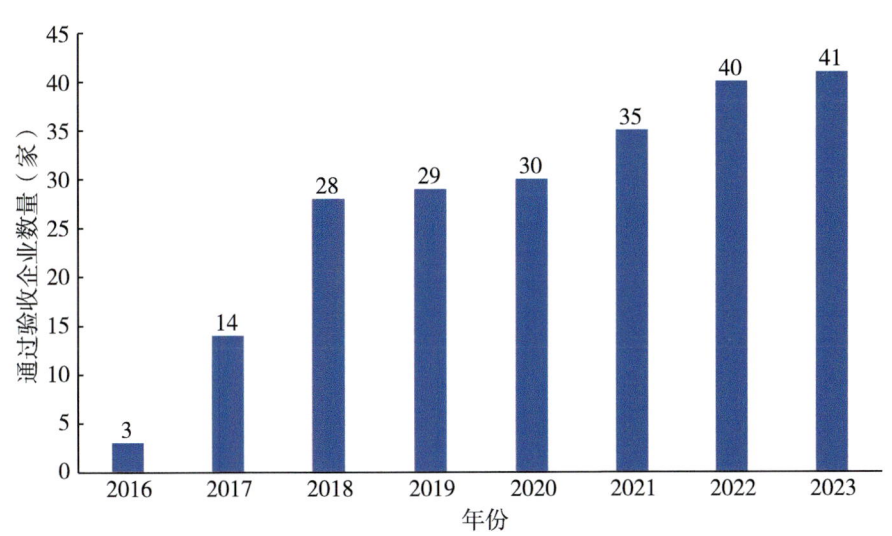

图4-1　通过优质乳工程验收企业数量逐年变化情况

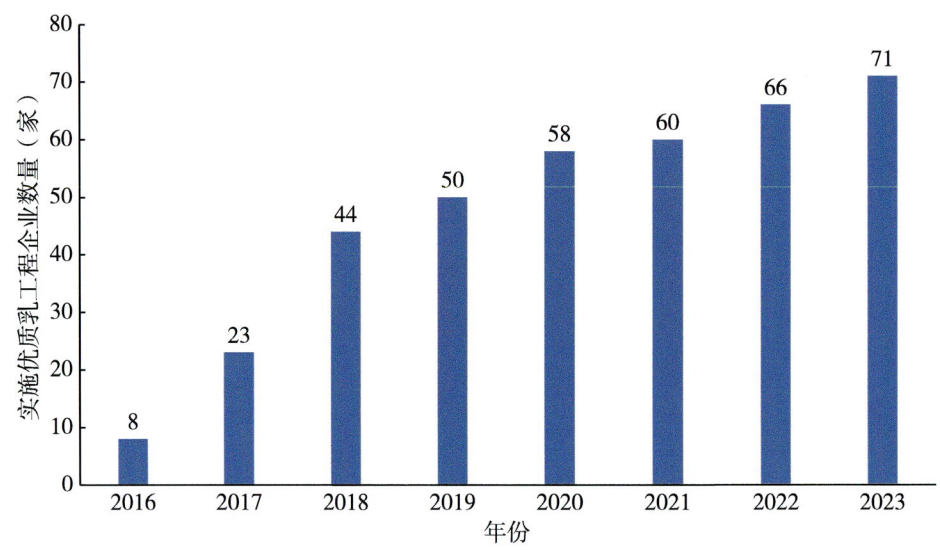

图4-2 申请加入实施优质乳工程企业数量逐年变化情况

二、优质乳工程产品抽检与复评审情况

2023年度共有38家通过优质乳工程验收的企业参加了抽检与复评审。

2023年度抽检38家共计131款通过优质乳工程验收的巴氏杀菌奶产品，参加抽检的优质乳产品各项指标符合《优质巴氏杀菌乳》（T/TDSTIA 004—2019）的规定：糠氨酸≤12mg/100g蛋白质，乳铁蛋白≥25mg/kg，β-乳球蛋白≥2 200mg/kg。结果如下：

糠氨酸含量最大值为11.4mg/100g蛋白质，最小值为5.0mg/100g蛋白质，平均值为6.8mg/100g蛋白质（图4-3）。

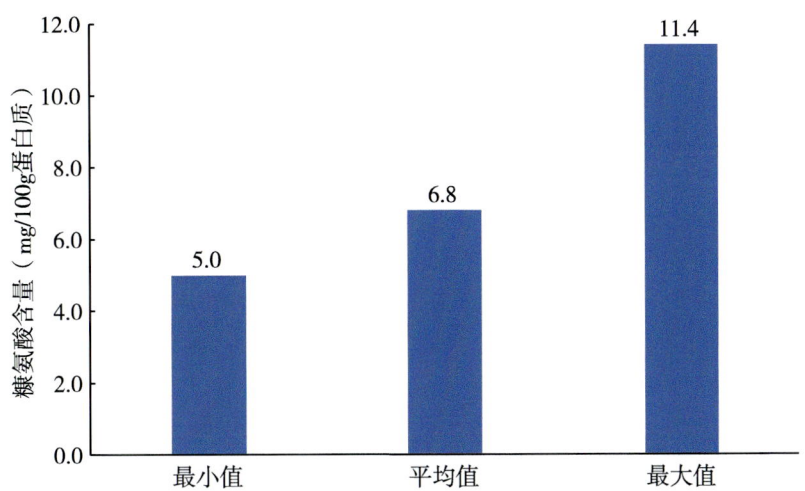

图4-3　2023年优质乳工程糠氨酸抽检结果

乳铁蛋白含量最大值为101.0mg/kg，最小值为25.2mg/kg，平均值为48.4mg/kg（图4-4）。

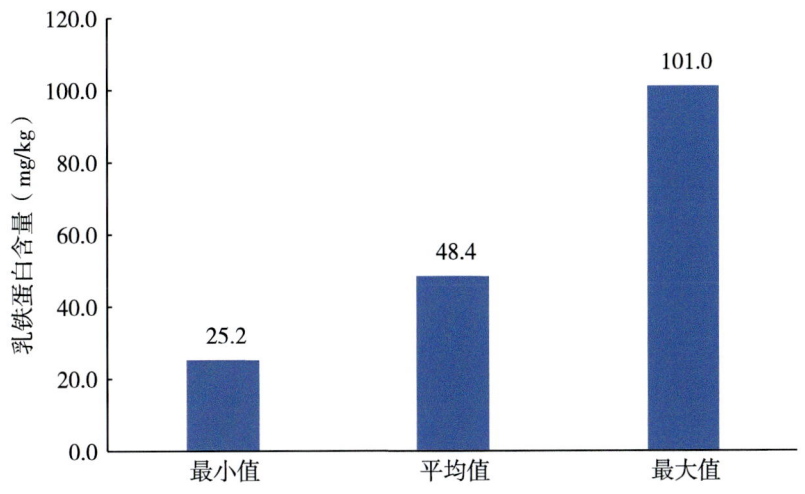

图4-4　2023年优质乳工程乳铁蛋白抽检结果

β-乳球蛋白含量最大值为5 253.6mg/kg，最小值为2 500.1mg/kg，平均值为3 862.9mg/kg（图4-5）。

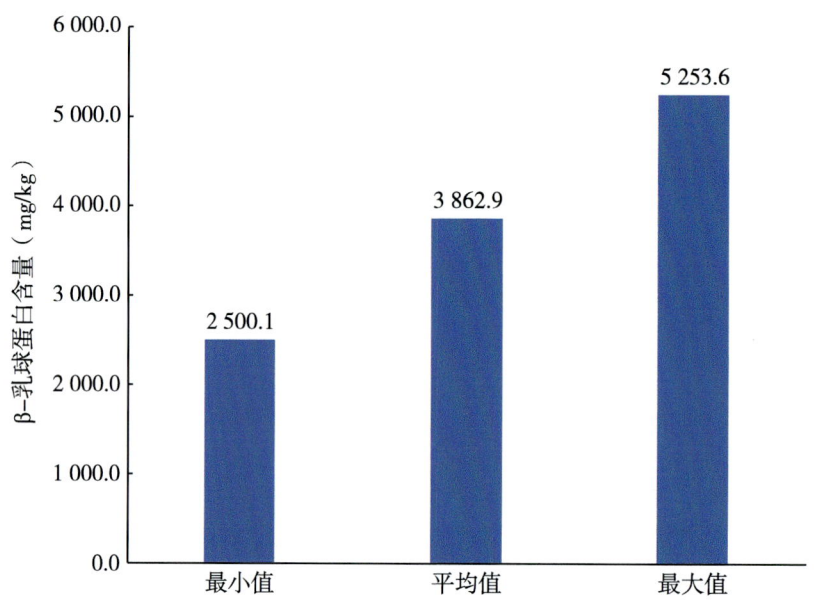

图4-5　2023年优质乳工程β-乳球蛋白抽检结果

2023年度对22家共计81款通过优质乳工程验收的巴氏杀菌奶产品开展了复评审验证，参加复评审验证的81款优质乳工程产品各项指标符合《优质巴氏杀菌乳》（T/TDSTIA 004—2019）的规定：糠氨酸≤12mg/100g蛋白质，乳铁蛋白≥25mg/kg，β-乳球蛋白≥2 200mg/kg。结果如下：

糠氨酸含量最大值为11.9mg/100g蛋白质，最小值为5.0mg/100g蛋白质，平均值为7.2mg/100g蛋白质（图4-6）。

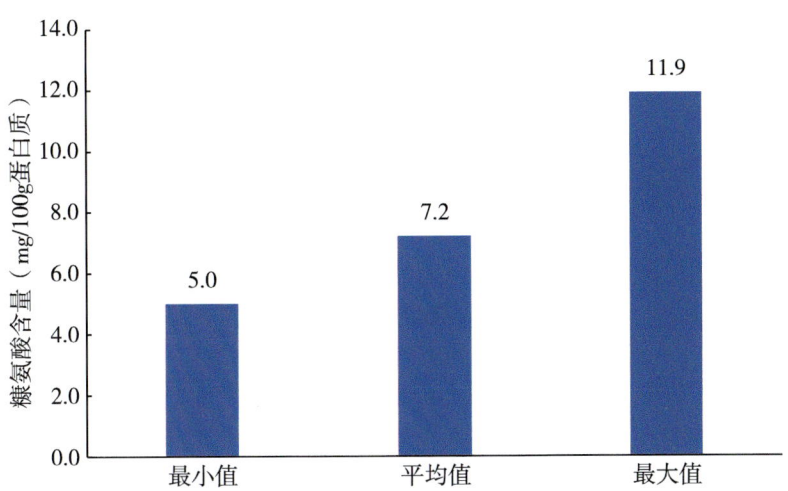

图4-6　2023年优质乳工程糠氨酸复评审验证结果

乳铁蛋白含量最大值为125.0mg/kg，最小值为25.1mg/kg，平均值为52.1mg/kg（图4-7）。

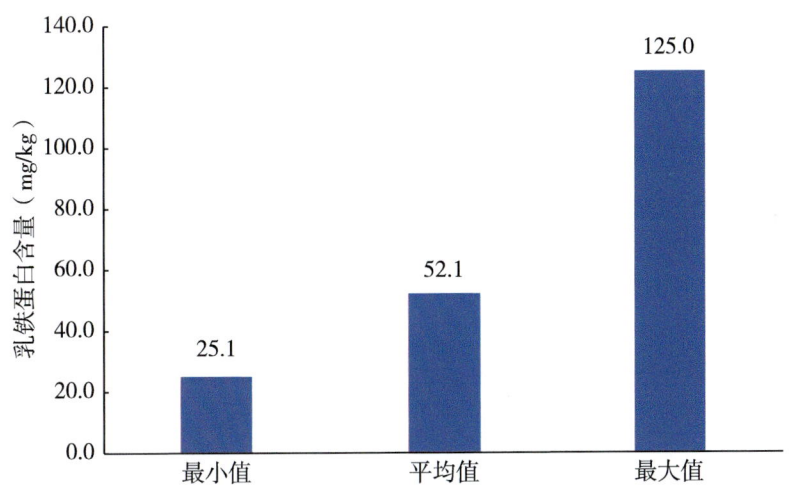

图4-7　2023年优质乳工程乳铁蛋白复评审验证结果

β-乳球蛋白含量最大值为4 959.4mg/kg，最小值为2 522.4mg/kg，平均值为3 721.9mg/kg（图4-8）。

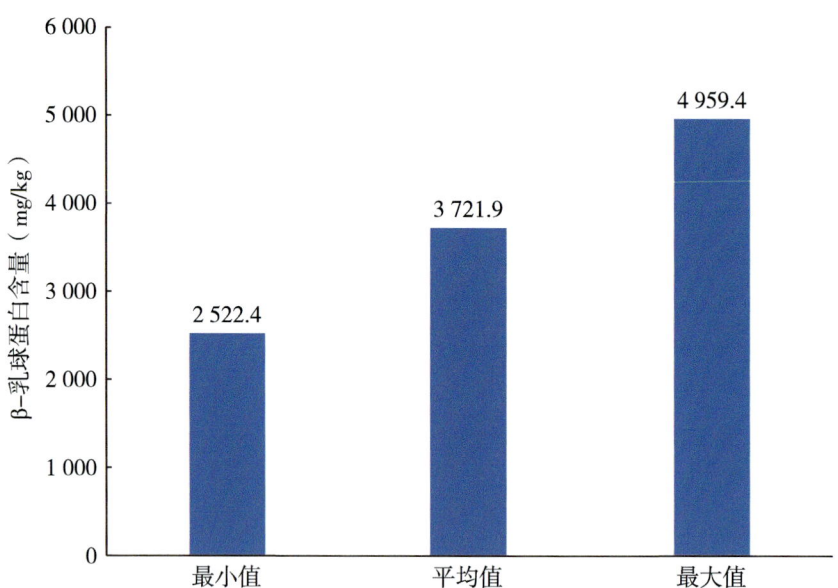

图4-8 2023年优质乳工程β-乳白蛋白复评审验证结果

三、优质乳产品质量评价

2023年度优质乳工程开展验收、抽检与复评审产品共计1 069批次样品,各项指标符合《优质巴氏杀菌乳》(T/TDSTIA 004—2019)的规定:糠氨酸≤12mg/100g蛋白质,乳铁蛋白≥25mg/kg,β-乳球蛋白≥2 200mg/kg。

与进口巴氏杀菌奶进行比较,发现国产优质巴氏杀菌奶糠氨酸含量显著低于进口巴氏杀菌奶,而乳铁蛋白和β-乳球蛋白含量则显著高于进口产品(图4-9至图4-11)。

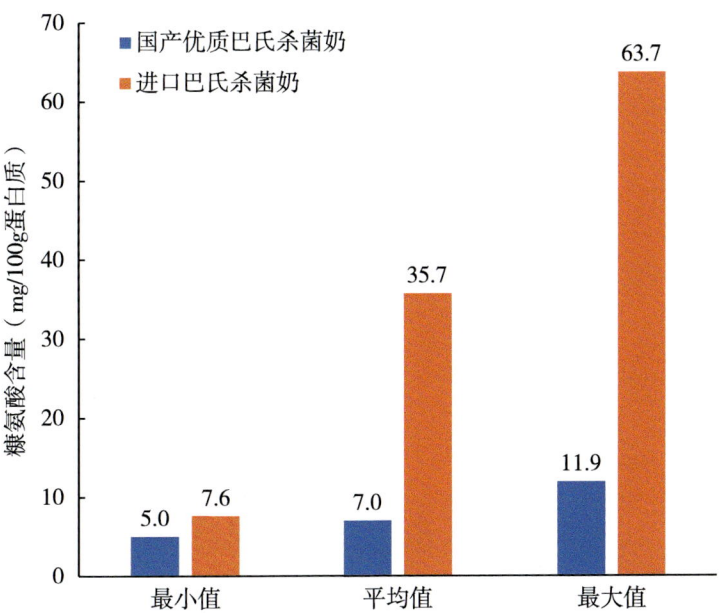

图4-9　2023年国产优质巴氏杀菌奶与进口巴氏杀菌奶糠氨酸比较分析

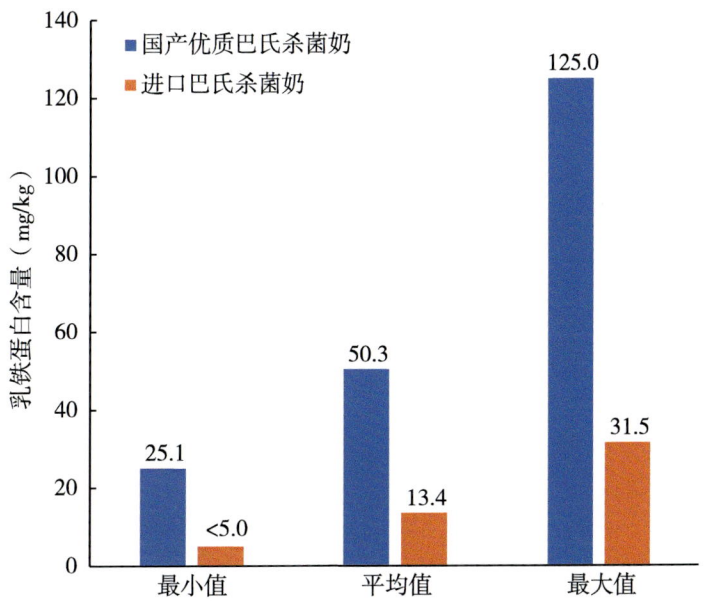

图4-10　2023年国产优质巴氏杀菌奶与进口巴氏杀菌奶乳铁蛋白比较分析

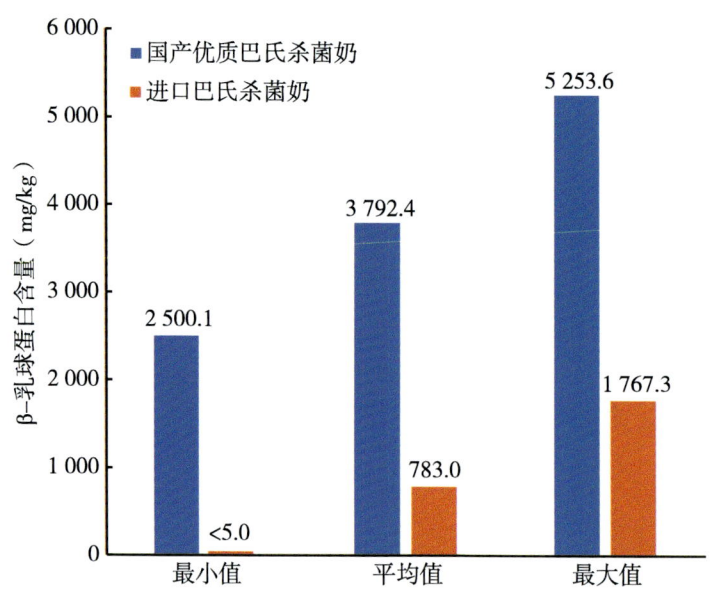

图4-11　2023年国产优质巴氏杀菌奶与进口巴氏杀菌奶
β-乳球蛋白比较分析

四、优质牧场原料奶质量评价

2023年针对通过优质乳工程验收的优质奶源牧场共计415批次生乳样品开展了验收、抽检和复评审验证，参加验收、抽检和复评审验证的415批次优质奶源牧场生乳样品各项指标符合《特优级生乳》（T/TDSTIA 002—2019）的规定：脂肪≥3.4g/100g，蛋白质≥3.1g/100g，菌落总数≤$5.0×10^4$CFU/g（mL），体细胞数≤$3.0×10^5$SCC/mL；优于美国PMO和欧盟标准。美国PMO条例规定：蛋白质≥2.0g/100g，菌落总数≤$1.0×10^5$CFU/g（mL），体细胞数≤$7.5×10^5$SCC/mL。欧盟标准规定：蛋白质≥2.9g/100g，菌落总数≤1.0×10⁵CFU/g（mL），体细胞数≤4.0×10⁵SCC/mL。

通过验收的优质奶源牧场生乳与欧美等国限量标准进行比较，发现通过优质乳工程验收的优质奶源牧场蛋白质和脂肪平均值显著高于优质乳工程特优级生乳标准，菌落总数和体细胞数平均值远优于欧美标准（图4-12至图4-15）。

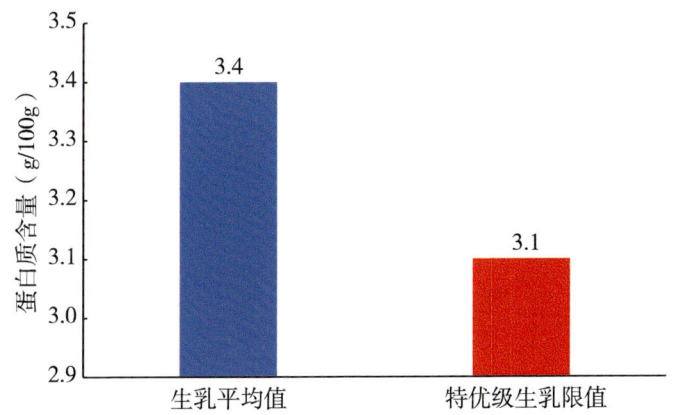

图4-12　2023年优质奶源牧场生乳蛋白质含量与特优级生乳标准比较

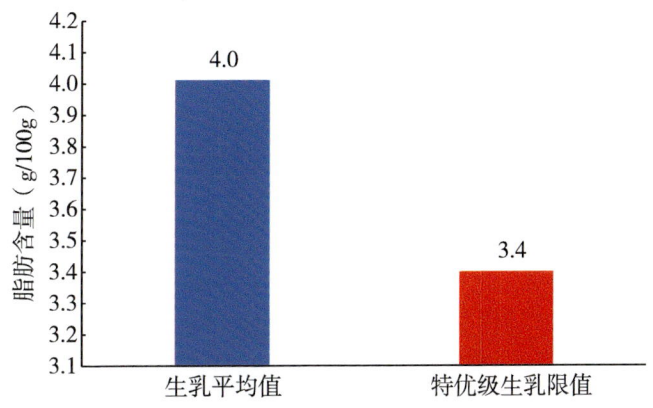

图4-13　2023年优质奶源牧场生乳脂肪含量与特优级生乳标准比较

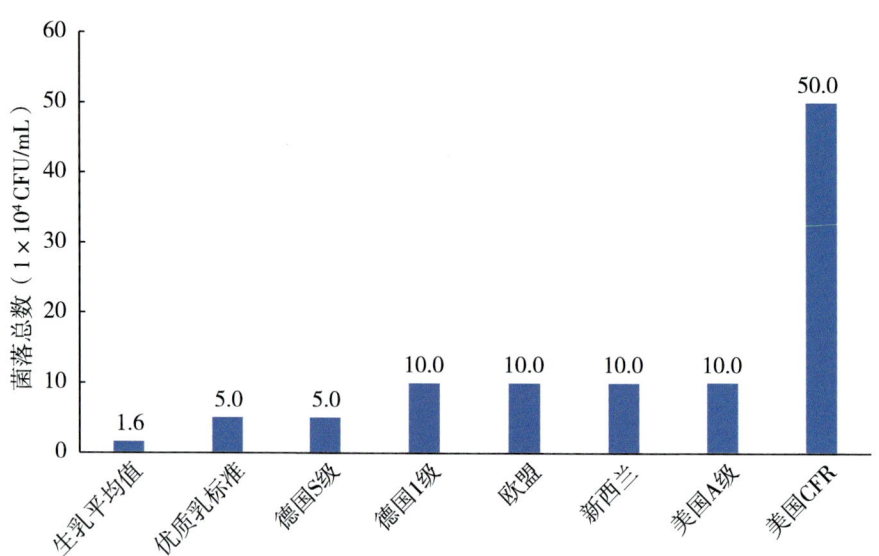

图4-14　2023年优质奶源牧场生乳菌落总数与欧美等国家和地区限量标准比较

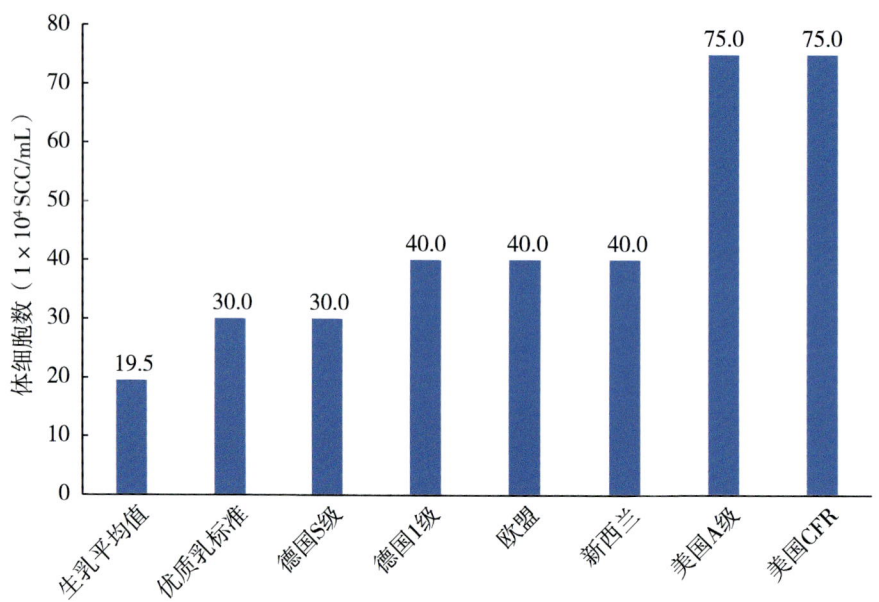

图4-15　2023年优质奶源牧场生乳体细胞数与欧美等国家和地区限量标准比较

五、优质乳工程大事记

2023年1月6日,中垦华山牧乳业有限公司通过国家奶业科技创新联盟优质乳工程UHT灭菌乳验收和优质乳工程巴氏杀菌乳第二次复评审验收(图4-16),成为全国第二家巴氏杀菌乳和灭菌乳同时通过优质乳工程验收的企业,中垦华山牧乳业自2017年实施优质乳工程,至今已有6年时间,优质巴氏杀菌乳品质稳定,优质UHT灭菌乳中β-乳球蛋白含量稳定达到300mg/kg以上,远远高于国际乳品联合会规定的UHT灭菌乳中β-乳球蛋白含量≥50mg/kg的含量要求。

图4-16 中垦华山牧乳业有限公司优质乳工程视频会议

2023年1月11日,现代牧业集团有限公司孙玉刚总裁一行，与国家奶业科技创新联盟理事长王加启研究员、国家奶业科技创新联盟常务副理事长郑楠研究员、国家奶业科技创新联盟秘书长张养东研究员交流商讨2023年合作工作计划（图4-17）。

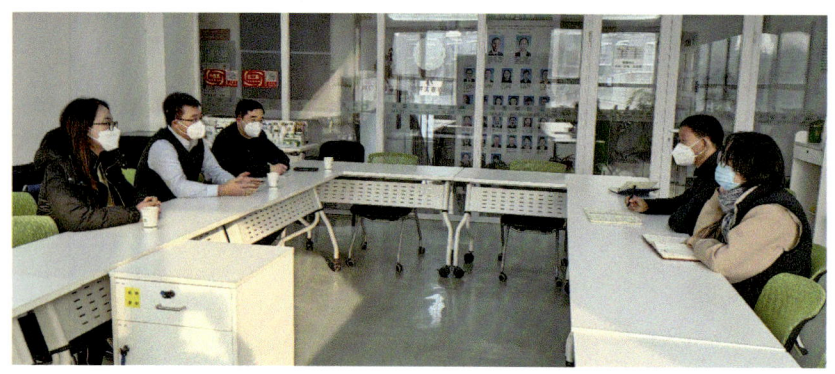

图4-17　现代牧业集团有限公司孙玉刚总裁一行到访

2023年2月3日上午，国家奶业科技创新联盟与飞鹤乳业开展优质婴幼儿配方奶粉生产相关工作交流（图4-18）。

图4-18　飞鹤乳业介绍优质婴幼儿配方奶粉生产情况

2023年2月3日下午,国家奶业科技创新联盟与现代牧业开展优质乳工程工作交流讨论会(图4-19)。

图4-19　优质乳工程工作交流讨论会

2023年2月9日,国家奶业科技创新联盟理事长王加启研究员带队到天津海河乳品有限公司交流优质乳工程工作(图4-20)。

图4-20　优质乳工程工作交流讨论会

2023年2月16日，国家奶业科技创新联盟与君乐宝乳业集团举办优质乳工程工作交流讨论会（图4-21）。

图4-21　优质乳工程工作交流讨论会

2023年2月23日，国家奶业科技创新联盟常务副理事长郑楠研究员带队赴天津海河乳品有限公司交流优质乳工程加工工艺相关技术（图4-22）。

图4-22　优质乳工程工艺参数验证现场

2023年2月28日，国家奶业科技创新联盟赴胜利油田胜大分公司交流优质乳工程工作（图4-23）。

图4-23　优质乳工程工作交流会

2023年3月2日，国家奶业科技创新联盟与蒙牛乳业品质提升项目组组织召开年度工作交流会（图4-24）。从2018年至今，双方在鲜奶、常温奶、发酵乳等品类产品展开全面合作，取得了丰硕的成果，此次会议对前期工作进行了总结，对2023年工作进行了详细的部署。

图4-24　项目年度工作交流会议现场

2023年3月22日，国家奶业科技创新联盟理事长王加启研究员赴杭州新希望双峰乳业调研指导优质乳工程工作，并与技术人员进行了详细认真交流（图4-25）。

图4-25　杭州新希望双峰乳业现场调研合影

2023年4月3日，国家奶业科技创新联盟理事长王加启研究员在河北省奶农大会上报告优质乳工程进展工作，介绍了联盟在推动奶业高质量发展上取得的成效（图4-26）。河北省农业农村厅颁发政府文件，对通过国家奶业科技创新联盟优质乳工程验收的牧场，每个牧场奖励1万元。

图4-26　奶业联盟理事长王加启在河北省奶农大会汇报优质乳工程进展

2023年4月3日，国家奶业科技创新联盟与君乐宝乳业集团有限公司签订鲜奶技术创新研究战略合作协议（图4-27）。

图4-27　鲜奶技术创新研究战略合作协议签约仪式

2023年4月6日，国家奶业科技创新联盟专家与宁夏农业农村厅、吴忠市畜牧兽医局、宁夏雪泉乳业公司等交流优质奶酪生产工作（图4-28）。2022年，奶业联盟提供技术支撑，与宁夏相关单位一起，构建了宁夏地理标志农产品"吴忠牛乳"标准。2023年，三方继续合作，打造宁夏奶业深加工产业，助力宁夏奶业行稳致远。

图4-28 优质奶酪生产现场工作交流会

2023年4月13日,天津海河乳品有限公司通过国家奶业科技创新联盟优质乳工程验收,成为全国第41家通过优质乳工程验收的企业(图4-29)。

图4-29 天津海河乳品有限公司通过优质乳工程验收

2023年4月21日，以中国农业科学院北京畜牧兽医研究所为依托的国家奶业科技创新联盟在天津举办了2023年国家奶业科技创新联盟工作会议（图4-30）。奶业联盟饲草饲料专业委员会、健康养殖专业委员会、绿色低碳加工专业委员会、风险评估与质量安全专业委员会、营养与健康专业委员会和特色畜乳专业委员会6个专业委员会的主任委员，60余家实施优质乳工程企业的董事长等80余名联盟成员代表参加会议，会议由国家奶业科技创新联盟理事长王加启主持。

图4-30 国家奶业科技创新联盟工作会议现场

2023年4月22日，由国家奶业科技创新联盟、中优乳奶业研究院主办，天津海河乳品有限公司承办的奶业高质量发展论坛在天津隆重召开（图4-31）。农业农村部原部长韩长赋发来书面致辞，农业部原常务副部长刘成果、天津市副市长谢元、中国农业科学院副院长刘现武、国家卫生健康委食品司营养处处长徐娇等领导讲话。奶业高质量发展论坛以"优质乳工程助力健康中国"为主题，以"让国人喝上鲜活好奶，增强人民营养健康"为中心，以国家批准优质乳工程认证管理为契机，颁发了国家奶业科技创新联盟第一张中优乳认证证书。本次会议邀请国家有关部门、行业协会、相关科研院校和60多家知名乳企的负责人等共计300余人齐聚盛会，群策群力，共商奶业高质量发展大计。

图4-31 奶业高质量发展论坛现场

2023年4月23日，由国家奶业科技创新联盟、中国奶业协会、中国乳制品工业协会、淄博市农业农村局主办，山东得益乳业股份有限公司承办的第二届中国低温鲜活好奶峰会在山东淄博成功召开（图4-32）。国家奶业科技创新联盟王加启理事长做"优质乳工程助力健康中国"主题报告。国家相关部门、行业协会、权威专家以及全国众多知名乳品企业负责人等350余人共聚一堂、共谋奶业发展。

图4-32 优质乳工程助力国民营养计划先进企业颁奖仪式

2023年5月6日,国家奶业科技创新联盟与扬州市扬大康源乳业郑云一行在京召开合作交流洽谈会(图4-33)。

图4-33 合作交流洽谈会议现场

2023年5月12日，扬大康源乳业通过国家奶业科技创新联盟优质乳工程第一次复评审验收（图4-34），扬州市扬大康源乳业有限公司于2018年12月启动优质乳工程，2021年5月，扬大鲜屋鲜牛奶产品通过优质乳工程验收，扬大康源乳业实施优质乳工程2年来，按照国家奶业科技创新联盟每半年一抽检，先后经过4次第三方抽检评价，产品品质稳定，达到标准要求。

图4-34　扬大康源乳业通过优质乳工程复评审验收

2023年5月17日，国家奶业科技创新联盟与宁夏农业农村厅杨明红副厅长一行就"宁夏奶业高质量发展"进行战略研讨和交流（图4-35）。

图4-35　宁夏奶业高质量发展交流会

2023年5月20日，由国家奶业科技创新联盟和杨州大学共同举办、扬大康源乳业承办的扬大康源乳业高质量发展大会暨区域型乳企创新发展论坛在扬州成功举办。奶业联盟秘书长张养东研究员在会上作优质乳工程新成果主旨报告（图4-36）。各行业协会代表、省内外乳品企业代表、省市区职能部门有关负责人、扬大康源乳业合作伙伴等200余人参加活动。

图4-36　优质乳工程新成果主旨报告

2023年5月31日，新疆瑞源乳业旗下天瑞祥牧业通过国家奶业科技创新联盟优质乳工程牧场评审验收（图4-37）。

图4-37　新疆天瑞祥牧业优质乳工程验收会

2023年6月8日，国家奶业科技创新联盟常务副理事长郑楠研究员、秘书长张养东研究员一行赴君乐宝乳业君邦牧场和威县工厂交流"悦鲜活"产品品质提升工作，君乐宝乳业研发总监康志远及相关部门负责人参加。调研人员深入君邦牧场、威县工厂"悦鲜活"第二车间进行详细考察（图4-38），车间负责人详细介绍了工厂全产业链体系的基本情况，郑楠研究员对奶源品质表示肯定，对工厂数据监控、数据管理等工作提出了建议，双方讨论了"悦鲜活"产品的生产工艺及研发等工作。

图4-38 生产工艺调研现场

2023年7月20日，由国家奶业科技创新联盟、中国奶业协会饲料饲养与环境专业委员会和中垦牧乳业（集团）股份有限公司共同举办的"中垦牧新品发布会暨2023优质乳工程高峰论坛"在重庆成功举办（图4-39）。农业部原常务副部长刘成果、中国奶业协会副会长蔡永康、河南省农业农村厅奶业处处长赵玲、中垦牧乳业（集团）股份有限公司副总经理胡刚、重庆市天友乳业股份有限公司总经理费睿、扬州市扬大康源乳业有限公司副总经理印伯星、中垦牧乳业中垦供应链管理有限公司总经理刘雄伟、国家市场监督管理总局中国品牌建设促进会常务理事姚承纲、国家奶业科技创新联盟理事长王加启等出席。

图4-39 中垦牧新品发布会暨2023优质乳工程高峰论坛现场

2023年8月20日，国家奶业科技创新联盟常务副理事长郑楠研究员等专家一行对新疆旺源生物科技集团有限公司进行实地考察，并对新疆旺源驼奶进行优质乳工程现场审核（图4-40），其间与旺源集团进行了充分交流，就充分挖掘新疆骆驼资源优势，进一步推动骆驼产业助力乡村振兴达成共识。

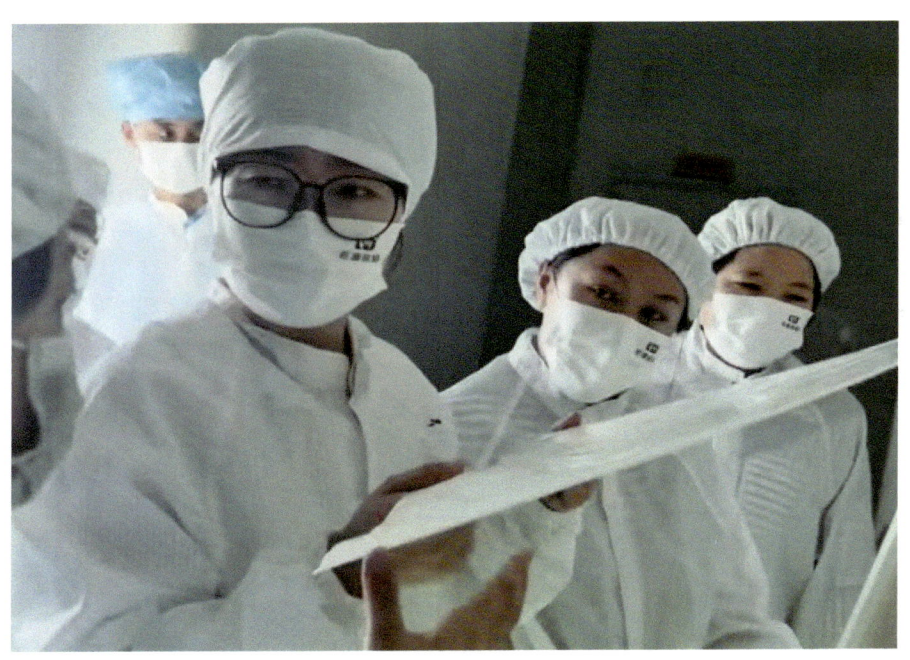

图4-40　新疆旺源驼奶优质乳工程示范工厂审核现场

2023年8月31日，"悦鲜活"牛奶通过中优乳特优级生乳原料认证（图4-41）。国家奶业科技创新联盟与君乐宝乳业集团自2019年开始合作，连续5年实施优质乳工程。

图4-41 "悦鲜活"牛奶通过中优乳特优级生乳原料认证

2023年9月15日，国家奶业科技创新联盟理事长王加启受邀参加新希望双峰乳业新品发布会，并在会上作主旨报告（图4-42）。

图4-42 国家奶业科技创新联盟优质乳工程进展报告

2023年9月7日，国家奶业科技创新联盟再次走进"吴忠牛乳教授工作站"，交流了2020年以来宁夏牛奶品质挖掘和产品研发等方面的科技攻关工作进展，商讨宁夏牛奶产业健康发展的规划（图4-43）。

图4-43　国家奶业科技创新联盟再次走进"吴忠牛乳教授工作站"

2023年9月20日，南京卫岗乳业有限公司（简称"卫岗乳业"）通过国家奶业科技创新联盟优质乳工程第二次复评审验收（图4-44），卫岗乳业从2017年启动实施优质乳工程，运行7年来，按照国家奶业科技创新联盟每半年一抽检，先后经过7次第三方抽检评价，产品品质稳定，达到标准要求。

图4-44　南京卫岗乳业通过优质乳工程复评审验收

2023年10月10日，重庆市天友乳业股份有限公司通过国家奶业科技创新联盟优质乳工程巴氏杀菌乳第三次复评审验收（图4-45）。

图4-45 重庆天友乳业通过优质乳工程复评审验收

2023年10月28日，四川新华西乳业有限公司通过国家奶业科技创新联盟优质乳工程巴氏杀菌乳项目第三次复评审验收（图4-46）。

图4-46 新华西乳业通过优质乳工程复评审验收

2023年10月29日，广西畜牧研究所所长吴柱月，国家奶业科技创新联盟理事长王加启、秘书长张养东等联盟专家参加广西皇氏乳业有限公司（简称"皇氏乳业"）的优质乳工程启动仪式（图4-47）。会上，联盟专家听取了皇氏乳业企业情况介绍，同时对皇氏乳业进行了系统的优质乳工程培训指导。皇氏乳业正式启动实施优质乳工程。

图4-47　广西皇氏乳业优质乳工程启动仪式

2023年11月11日，安徽益益乳业有限公司召开"优质乳工程"启动仪式，国家奶业科技创新联盟理事长王加启、秘书长张养东等联盟专家参加（图4-48）。会上，联盟专家听取了安徽益益乳业企业情况介绍，同时对安徽益益乳业进行了系统的优质乳工程培训指导。安徽益益乳业正式启动实施优质乳工程。

图4-48　安徽益益乳业优质乳工程启动仪式

2023年11月30日，昆明雪兰牛奶有限责任公司通过国家奶业科技创新联盟优质乳工程巴氏杀菌乳项目第三次复评审验收（图4-49）。

图4-49　昆明雪兰牛奶有限责任公司通过优质乳工程复评审验收

2023年12月2日，国家奶业科技创新联盟王加启理事长在腾冲科学家论坛上汇报联盟产学研用成效（图4-50）。

图4-50 腾冲科学家论坛现场

第五章 特色畜奶特征品质研究进展

- 不同畜奶中11种乳寡糖的定量分析及热处理影响研究
- 基于蛋白组学的特色畜奶真实性鉴别技术研究
- 电子束辐照和巴氏杀菌山羊奶中关键风味化合物及其前体的鉴定与表征
- 中国广西水牛品种对乳成分的影响
- 水牛初乳及常乳乳清蛋白中免疫性差异蛋白质组分析
- 不同粗饲料对驴乳脂质和挥发性物质的影响
- 日粮添加酵母多糖对德州驴产奶量、驴乳常规指标、免疫指标及血液代谢组的影响

一、不同畜奶中11种乳寡糖的定量分析及热处理影响研究

乳寡糖（MOs）是乳中的重要成分，主要在大肠中发酵。其由多种单糖组成，包括葡萄糖（Glc）、半乳糖（Gal）、N-乙酰氨基葡萄糖（GlcNAc）、岩藻糖（Fuc）和唾液酸（NeuAc）。根据不同的组成模式和分支模式，MOs分为岩藻糖基化中性乳寡糖、唾液化和非岩藻糖基化中性乳寡糖。

MOs具有结构多样性，其浓度和组成因物种而异。目前，对乳寡糖的研究多集中于人乳寡糖组成及其泌乳规律上。不同动物乳中MOs的系统比较，特别是绝对定量方面的研究还比较有限。在奶产品加工过程中，主要热处理方式是巴氏杀菌（65℃）和超高温灭菌（135℃）。研究发现，热加工会导致牛奶中水溶性维生素、某些脂肪酸和激素的严重降解。但目前尚不清楚MOs是否对热处理敏感。

因此，本研究采用LC-ESI-MS/MS结合MRM技术，对人、牛、羊、马、牦牛、水牛和骆驼奶中11种MOs进行定量

比较，并且探讨了热处理强度对MOs的影响，以更好地了解其特性。

（一）试验方法

分别采集人奶、牛奶、马奶、羊奶、骆驼奶、水牛奶和牦牛奶，将1mL样品与超纯水（动物奶3mL，人奶9mL）混合，4℃，12 000×g离心20min。将1mL中间层（含MOs）收集到新的15mL离心管中，加入2mL纯水。充分混匀，采用GCB净化柱（500mg/3mL，S-GCB5003）对粗MOs提取物进行纯化。首先用10mL乙腈活化GCB，然后用10mL超纯水平衡。之后加入MOs水溶液，在重力作用下流过GCB柱，然后用10mL超纯水洗涤，去除多余的盐和小分子。最后分别用1mL 20%、40%和80%乙腈洗脱。滤液经0.22μm膜过滤后上机进行MOs成分分析。

（二）试验结果

由图5-1可知，与其他动物奶相比，人乳寡糖组成模式明显不同。总体而言，人奶中11种MOs的浓度（6.285g/L）分别是奶牛奶、骆驼奶、牦牛奶、水牛奶、羊奶、马奶的

11.7倍、15.8倍、10.7倍、9.0倍、7.6倍、7.7倍。与人奶相比，动物奶中的2′-FL浓度较低，3′-SL是最主要的MOs。在羊奶中，3′-SL的比例约为30%，而在其他5个物种奶中，3′-SL浓度均超过50%。此外，羊奶中的2′-FL约占总MOs的30%，是其他动物奶的20倍。与其他动物相比，羊奶MOs组成与人奶更为相似。

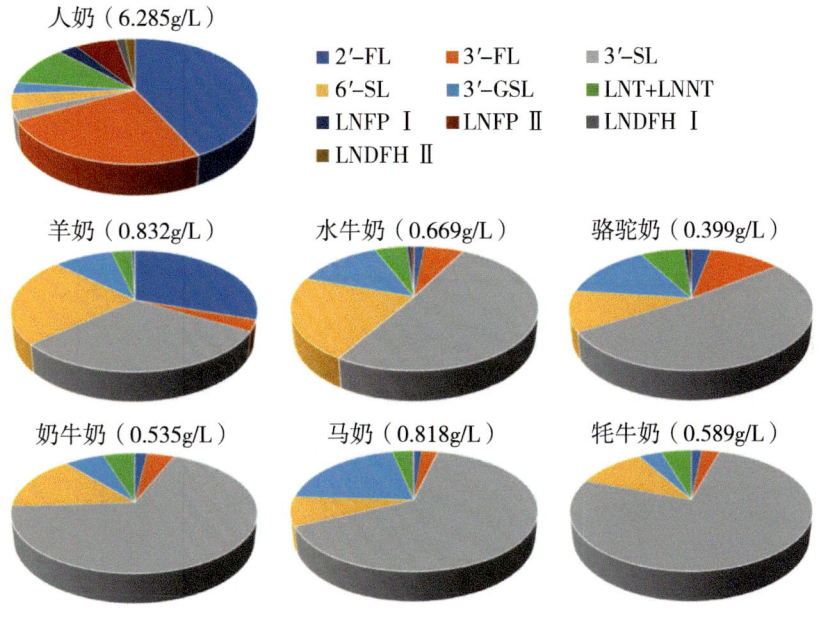

图5-1 不同动物奶中MOs组成模式

由图5-2可知，所有奶样中均检测到2个岩藻糖基化MOs：2′-FL（人奶、奶牛奶、骆驼奶、牦牛奶、水牛奶、羊奶和马奶中含量分别为2.705g/L、0.010g/L、0.012g/L、0.009g/L、0.011g/L、0.244g/L和0.010g/L）和3′-FL（人奶、奶牛奶、骆驼奶、牦牛奶、水牛奶、羊奶和马奶中含量分别为1.546g/L、0.023g/L、0.043g/L、0.016g/L、0.042g/L、0.024g/L和0.021g/L）。虽然畜奶中均含有3种非岩藻糖基化MOs（3-GSL，LNT+LNnT）和2种唾液酸化MOs（3′-SL和6′-SL），但其含量远低于人奶。

此外，人奶和畜奶中不同类型MOs的比例也有显著差异。在人奶中，岩藻糖基化乳寡糖MOs占主导地位，岩藻糖基化MOs：非岩藻糖基化MOs：唾液酸化MOs的比例为80∶13∶7。而唾液液化MOs是畜奶中的主要类型，占总MOs的50%以上。

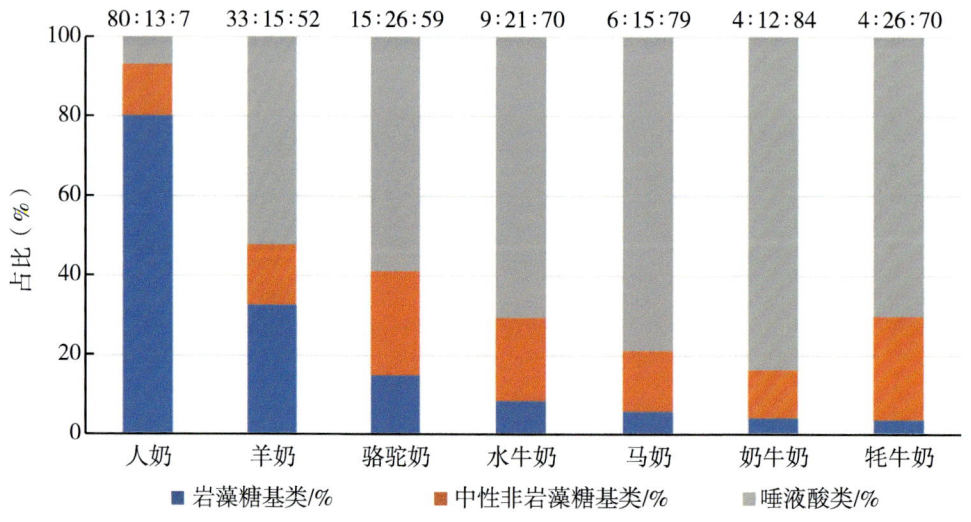

图5-2　不同物种奶中不同类型MOs比例

由图5-3中可知，65℃加热后，非岩藻糖基化MOs

（3-GSL，LNT+LNnT）和唾液酸化MOs（3'-SL，6'-SL）及总MOs均无显著变化（$P>0.05$）。135℃加热后，牛奶中最主要的MO-3'-SL（占总MOs的70%以上）显著降低（$P<0.05$）。唾液酸化MOs（3'-SL、6'-SL）浓度及总MOs均下降（$P<0.05$）。

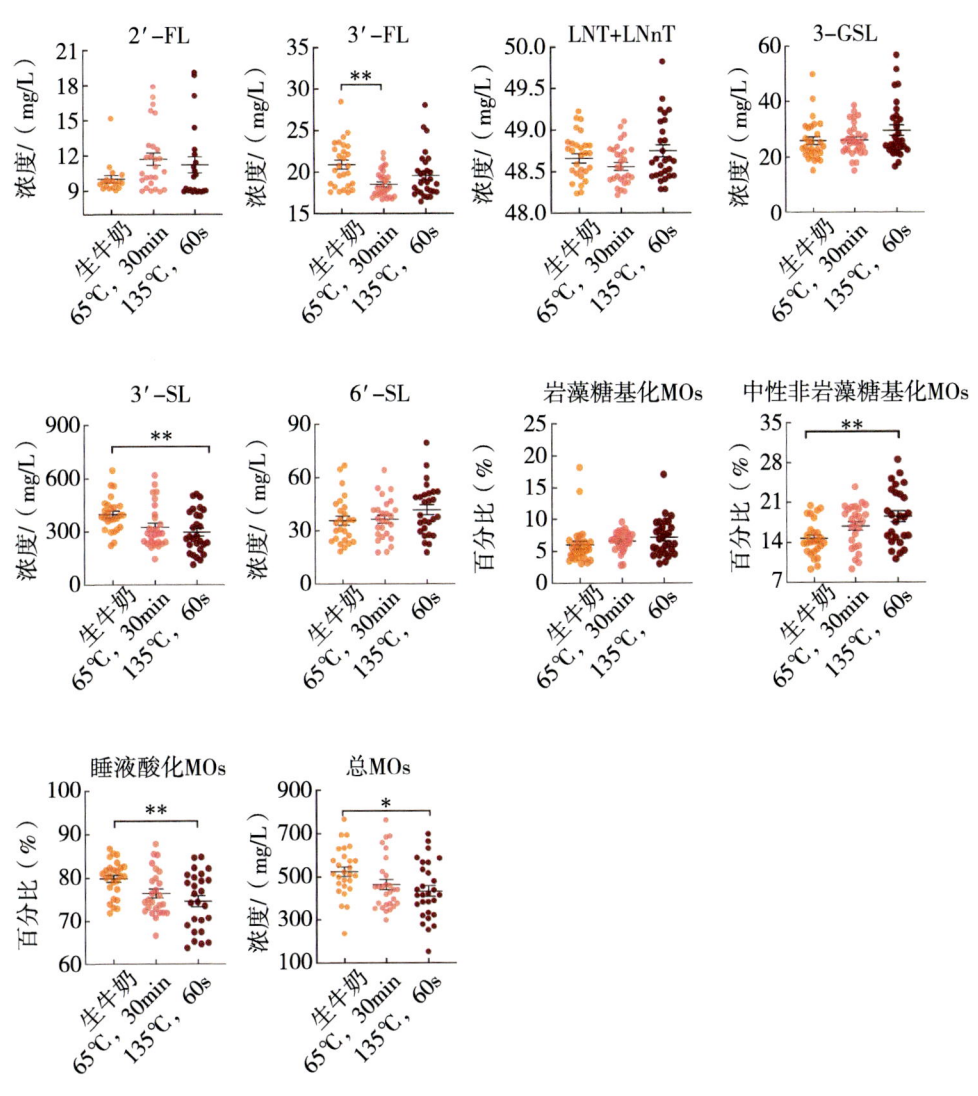

图5-3 热处理对牛奶中MOs的影响（$n=30$）

（三）结论

本试验采用LC-ESI-MS/ME方法同时定量了7种不同物种奶中11种MOs。结果显示，人奶中MOs的丰度最高，以岩藻糖基化MOs为主。奶牛奶、骆驼奶、牦牛奶、羊奶、水牛奶和马奶具有相似的MOs特征，唾液酸化MOs较为丰富。65℃处理对MOs的浓度和分布没有显著影响，而135℃加热则可引起MOs下降，这表明在奶制品加工中需要注意控制温度。

研究成果已在*Food Chemistry*上发表，由国家重点研发计划（2022YFD1600104，2022YFD1600103）和国家现代农业产业技术体系（CARS-36）资助。姚倩倩和高亚男为第一作者，郑楠为通信作者。

文章发表信息：Yao Q，Gao Y，Wang F，et al.，2023. Label-Free quantitation of milk oligosaccharides from different mammal species and heat treatment influence. Food Chemistry，430：136977.

二、基于蛋白组学的特色畜奶真实性鉴别技术研究

特色畜奶（水牛奶、牦牛奶、山羊奶、绵羊奶、骆驼奶、马奶和驴奶）是我国乳业的重要组成部分，也是边远山区或少数民族地区独具特色的重要产业，对促进农民增收、推动区域发展和实现乡村振兴具有重要意义。

特色畜奶具有营养全面、易消化、低致敏性、功能因子多样等特点，然而受产出量、稀有度以及营养独特性的影响，特色奶制品价格较高，市场中以低价牛奶掺伪特色乳的问题频发。奶源掺假问题不仅对消费者合法权益造成损害，而且对牛奶过敏消费者的安全健康构成一定威胁，准确鉴别奶制品物种来源成为食品安全监管的热点，对于维护消费者合法权益、保障特色畜奶的市场秩序具有重要意义。

因此，本研究采用基于LC-MS的鸟枪蛋白组学（Shotgun proteomics）方法，鉴定得到了骆驼奶、驴奶、山羊奶、绵羊奶、牦牛奶、水牛奶、牛奶等7种动物奶中的37条特征标识肽段，并研究了加工工艺（高压、加热、发酵）对于特征肽段的影响，可用于不同动物来源奶蛋白物种成分的准确鉴别。

（一）试验方法

分别采集骆驼奶、驴奶、山羊奶、绵羊奶、水牛奶和牦牛奶、牛奶样品，每个物种采集9份样品，保存于-4℃立即送至实验室冻干，置于-80℃保存。此外，从超市购买22份奶样，包括3份骆驼奶、4份驴奶、4份山羊奶、2份绵羊奶、3份牦牛奶、2份水牛奶和4份牛奶。进行掺假试验，将冻干非牛奶粉样品（骆驼奶、驴奶、山羊奶、绵羊奶、水牛奶、牦牛奶）分别按1%、5%、10%、20%、40%、50%、60%、70%、80%比例与牛奶粉混合，用于多反映监测（MRM）分析。分别提取奶样中的蛋白质，并进行消化，利用HPLC-QTOF-MS进行检测。此外，研究了不同处理（加热、加压、发酵）条件下特定肽的加工稳定性。

（二）试验结果

由图5-4可知，在7种不同的奶类中共鉴定出37种特异性肽，包括5种骆驼奶类肽、6种驴奶类肽、6种山羊奶类肽、4种绵羊奶类肽、7种水牛奶类肽、8种牛奶类肽和1种牦牛奶类肽。

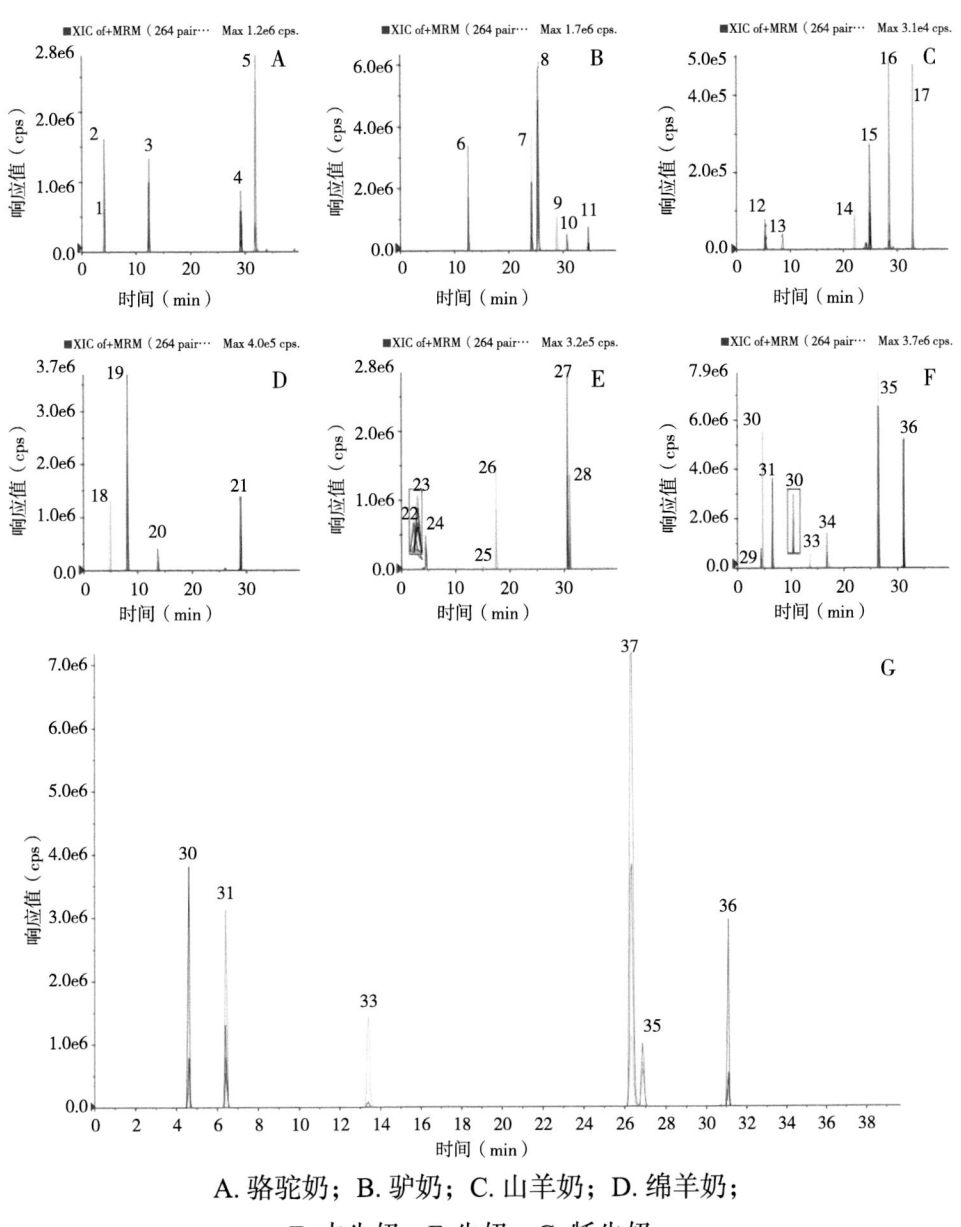

A. 骆驼奶；B. 驴奶；C. 山羊奶；D. 绵羊奶；
E. 水牛奶；F. 牛奶；G. 牦牛奶。

图5-4 不同奶源特征标识肽段的提取离子色谱图（TIC）

研究了不同处理（加热、加压、发酵）条件下特定肽的加工稳定性，结果表明，压力对37种特异性肽的影响较小，除山羊肽EGCFLLEGPK外。热处理显著降低了不同畜奶中特异性肽的峰面积，但仍可被检测到。对于发酵处理，7种奶中受影响最大的肽分别来自山羊奶、水牛奶和牛奶，其中水牛奶中的肽ETAEEVQAR和牛奶中的肽EACFAVEGPK未被检测到（图5-5）。

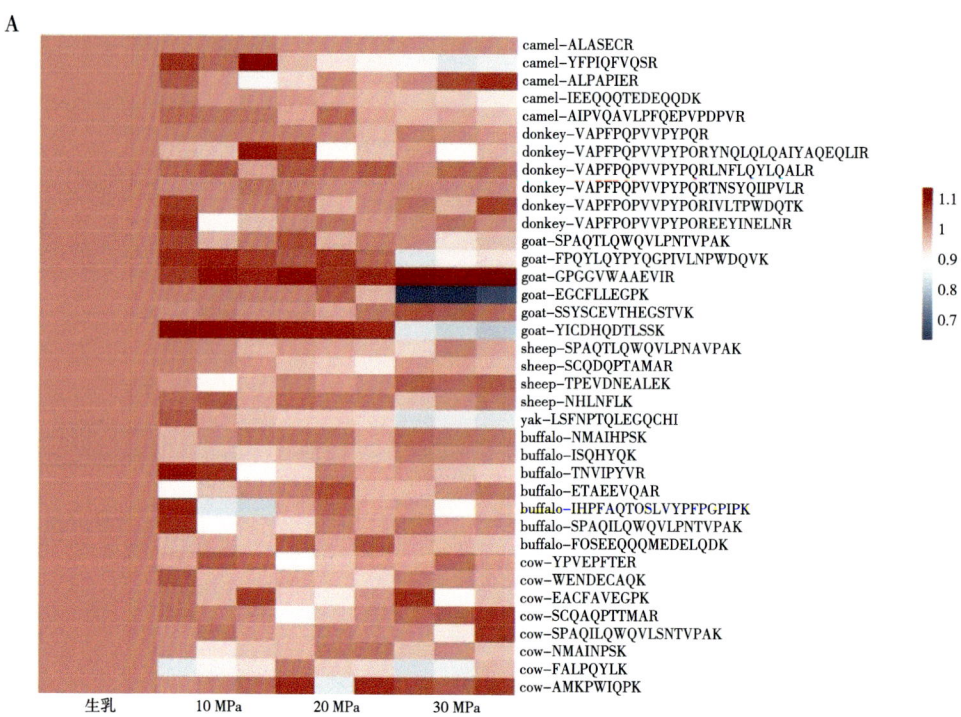

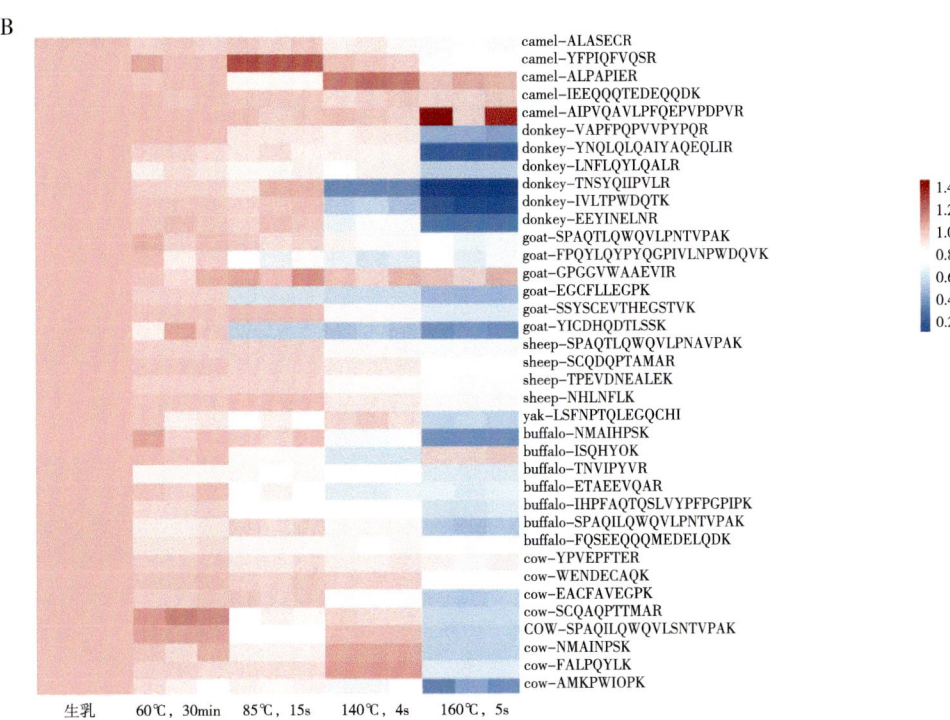

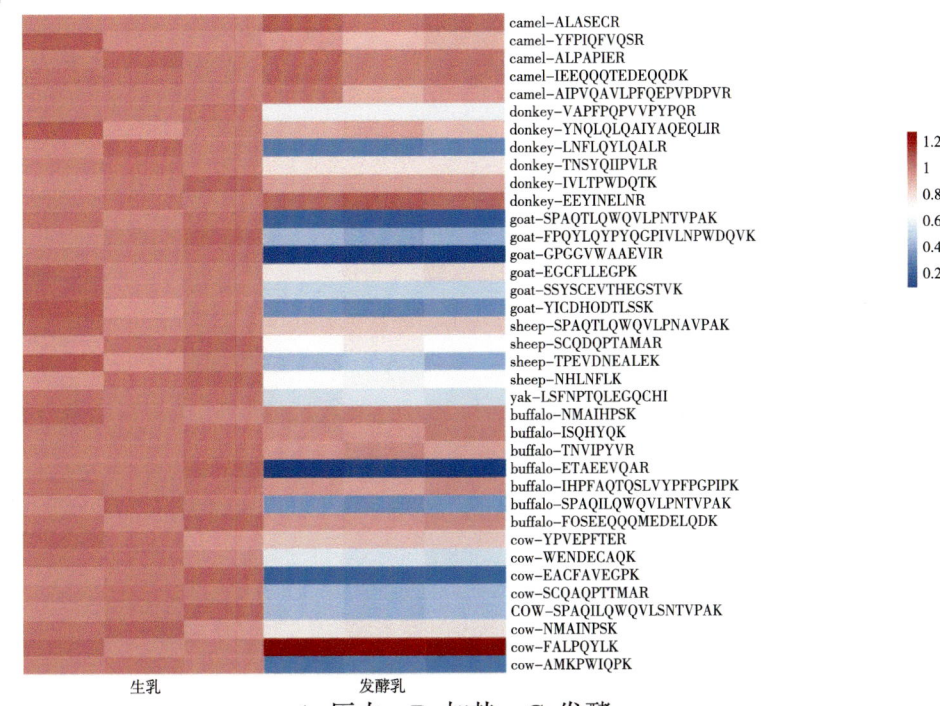

A. 压力，B. 加热，C. 发酵。

图5-5 加工工艺对不同奶源特征肽段稳定性的影响

由图5-6可知，研究制备了6条具有良好的线性拟合系数的标准曲线。所选择的MRM定量转换为：牛奶—驼奶（569.3>649.3～642.8>974.5）、牛奶—驴奶（437.7>629.4～600.8>774.4）、牛奶—山羊奶（490.3>648.4～898.5>772.4）、牛奶—绵羊奶（437.7>629.4～650.0>809.5）、牛奶—牦牛奶（569.3>877.4～822.4>1 182.6）、牛奶—水牛奶（437.7>629.4～664.0>726.4）。

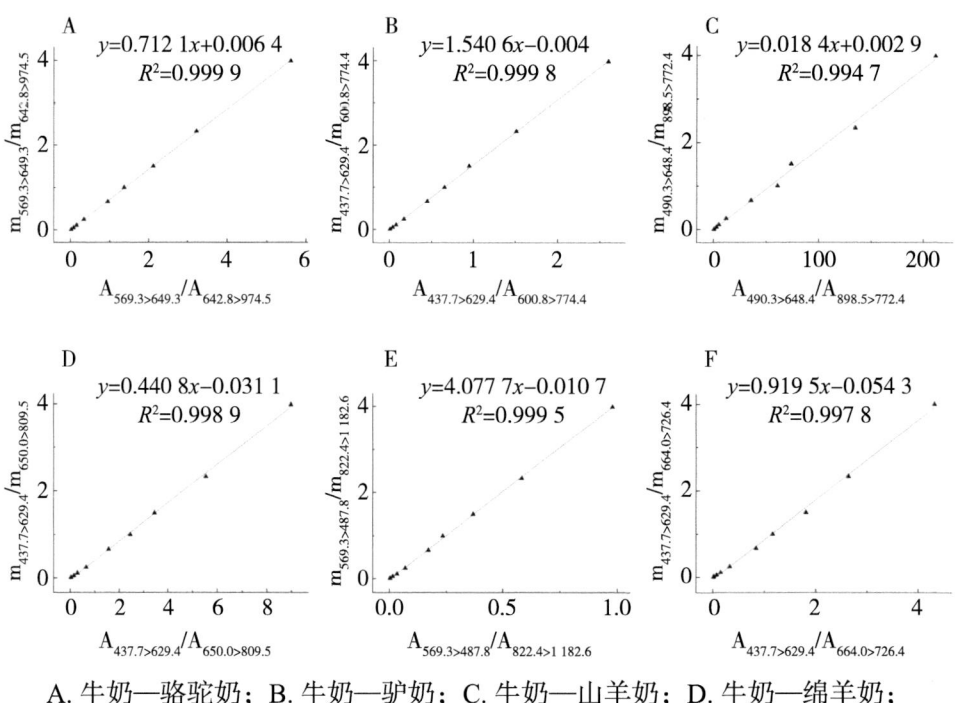

A. 牛奶—骆驼奶；B. 牛奶—驴奶；C. 牛奶—山羊奶；D. 牛奶—绵羊奶；
E. 牛奶—牦牛奶；F. 牛奶—水牛奶。

图5-6 特色畜奶中牛奶掺假定量检测标准曲线

（三）结论

该方法以奶中最主要组分乳蛋白为检测对象，可以直观呈现出奶源种类，一次进样仅需40min即可实现7种奶源的同时鉴别，定性灵敏度0.1%（W/W）。同时，创新采用"共肽参比策略"，将牛奶特征肽段作为特色乳的内标肽段，以校正不同样品蛋白提取和酶解所带来的定量误差，初步建立了原料奶的掺假定量检测方法，定量回收率为91.07%～111.75%。该方法可为奶制品质量安全监管和标签标识规范化提供技术支持，有效保护消费者合法权益。

研究成果已在 *Food Chemistry* 上发表，由国家重点研发计划项目（2022YFD1600103）资助。张九凯研究员为第一作者，陈颖研究员为通信作者。

文章发表信息：Zhang J K, Wei L Y, Miao J L, et al., 2024. Authenticity identification of animal species in characteristic milk by integration of shotgun proteomics and scheduled multiple reaction monitoring（MRM）based on tandem mass spectrometry. Food Chemistry, 436: 137736.

三、电子束辐照和巴氏杀菌山羊奶中关键风味化合物及其前体的鉴定与表征

热杀菌是一种广泛用于消除山羊奶中有害微生物的方法，但其缺点为降低山羊奶营养价值，改变最终产品的外观、风味和质地。辐照是一种通过将食品暴露在非电离和电离辐射条件下保持食品新鲜度和改变食品特性的物理方法，电离辐射包括γ-射线辐照、X射线辐照和电子束辐照，电子束易于控制，对食品的感官特性影响较小。已有研究表明，适当的辐照剂量可以降低对挥发性化合物的损害。目前，辐照对山羊奶风味的影响研究还较少。

脂质在催化系统（如光、热、酶、金属、金属蛋白和微生物）的存在下易被氧化。脂质氧化是引起食品质量恶化的主要原因，导致风味变化、营养物质和生物活性物质损失等。电子束辐照引起山羊奶风味变化可能是由脂肪氧化等复杂反应导致的。因此本研究的主要目的是研究电子束辐照对山羊奶中脂肪和风味的影响，分析不同处理条件下山羊奶风味的主要差异，阐明脂肪酸与山羊奶挥发性成分之间的关系，并最终选择山羊奶风味可接受条件下的辐照剂量。

（一）试验方法

选择不同剂量的电子束辐照（2kGy、3kGy、5kGy）和传统的热杀菌方法，以巴氏杀菌山羊奶作为研究对象，未经处理的山羊奶（0kGy）作为对照组。测定不同处理条件下山羊奶的硫代巴比妥酸值（TBARs）和脂肪酸组成，以表征山羊奶中脂肪的氧化。此外，选择电子鼻和固相微萃取-气相色谱-质谱法鉴定不同处理组山羊奶中挥发性化合物的差异。利用主成分分析法对不同处理组山羊奶的风味特征进行区分，采用正交偏最小二乘判别分析（Orthogonal partial least squares discriminant analysis，OPLS-DA）对不同的风味化合物进行鉴定，并采用偏最小二乘回归（Partial least squares regression，PLSR）方法探讨脂肪酸与风味化合物的关系。

（二）试验结果

由图5-7可知，传统的热处理，包括巴氏杀菌和电子束辐照都会导致山羊奶中脂肪含量的变化。在常规巴氏杀菌奶和对照组之间没有观察到TBARs含量的显著变化，辐照组山羊奶TBARs含量随着辐照剂量的增加而显著增加。

由图5-8可知，脂肪氧化程度与辐照剂量成正比，辐照后饱和脂肪酸含量显著增加，不饱和脂肪酸含量显著降低。多元统计分析表明，经高剂量（5 kGy）辐照处理的山羊奶与原料山羊奶的风味差异较大。

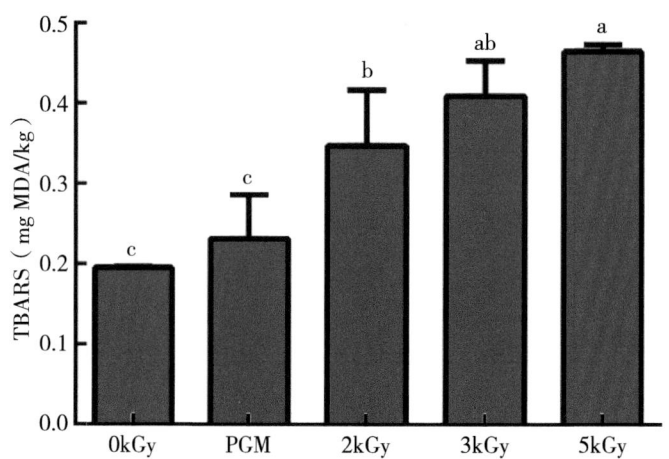

图5-7　巴氏杀菌和电子束辐照对羊奶TBARS的影响

表5-1　电子束辐照和巴氏灭菌的羊奶中脂肪酸组成的变化
（占总脂肪酸的百分比）

脂肪酸组成（百分比）	不同加工方式					ANOVA p 值
	0kGy	2kGy	3kGy	5kGy	巴氏杀菌	
C6:0	Nd	1.99 ± 0.1	Nd	Nd	Nd	<0.001
C8:0	Nd	4.66 ± 0.3	4.12 ± 0.1	Nd	3.83 ± 0.6	<0.001
C10:0	10.2 ± 1.6	17.7 ± 0.7	15.6 ± 0.3	16.4 ± 0.5	12.3 ± 1.1	0.003
C11:0	Nd	0.21 ± 0.1	0.51 ± 0.1	Nd	0.36 ± 0.1	<0.001
C12:0	5.0 ± 0.1	8.9 ± 0.5	7.3 ± 0.1	7.7 ± 0.5	5.8 ± 0.4	0.001
C13:0	Nd	0.17 ± 0.1	Nd	Nd	11.8 ± 0.1	<0.001

（续表）

脂肪酸组成（百分比）	不同加工方式					ANOVA p 值
	0kGy	2kGy	3kGy	5kGy	巴氏杀菌	
C14:0	10.3 ± 0.4	14.7 ± 0.2	15.5 ± 0.3	11.1 ± 0.4	9.8 ± 0.9	<0.001
C14:1	11.15 ± 0.8	1.8 ± 0.1	0.45 ± 0.1	9.16 ± 0.3	1.46 ± 0.1	<0.001
C15:0	Nd	0.96 ± 0.1	1.21 ± 0.1	Nd	18.03 ± 0.2	<0.001
C16:0	32.27 ± 1.4	27.9 ± 0.1	28.91 ± 0.3	29.98 ± 0.3	19.62 ± 0.1	<0.001
C16:1	Nd	0.39 ± 0.1	0.53 ± 0.1	Nd	Nd	<0.001
C17:0	Nd	0.49 ± 0.1	0.68 ± 0.1	Nd	Nd	<0.001
C17:1	Nd	0.23 ± 0.1	Nd	Nd	Nd	<0.001
C18:0	10.89 ± 1.8	5.21 ± 0.2	5.91 ± 0.1	10.27 ± 0.4	4.11 ± 0.3	0.001
C18:1 n9t	Nd	1.04 ± 0.1	0.65 ± 0.1	Nd	Nd	<0.001
C18:1 n9c	20.16 ± 2.0	10.48 ± 0.4	15.76 ± 0.3	15.36 ± 1.8	9.26 ± 0.4	0.002
C18:2 n6t	Nd	0.21 ± 0.1	Nd	Nd	1.95 ± 0.1	<0.001
C18:2 n6c	Nd	2.61 ± 0.2	2.89 ± 0.1	Nd	1.73 ± 0.1	<0.001
C18:3 n3	Nd	0.33 ± 0.1	Nd	Nd	Nd	<0.001
饱和脂肪酸	68.69 ± 1.2	82.9 ± 0.7	79.72 ± 0.1	75.49 ± 2	85.61 ± 0.6	<0.001
单不饱和脂肪酸	31.31 ± 1.2	13.95 ± 0.6	17.39 ± 0.2	24.51 ± 2	10.71 ± 0.5	<0.001
多不饱和脂肪酸	Nd	3.15 ± 0.2	2.89 ± 0.1	Nd	3.68 ± 0.1	<0.001

注：Nd，未检测到。

由图5-8可知，2,4-二甲基-1-庚烯、3-甲基戊烷、3,3,5-三甲基庚烷、2-戊酮和1-辛烯可能是导致原料山羊奶、巴氏杀菌山羊奶和辐照山羊奶之间风味差异的特征物质。

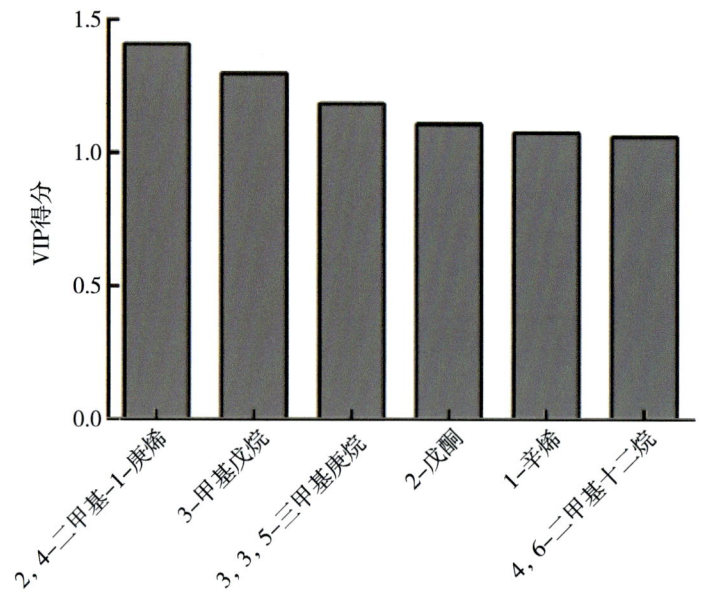

图5-8 特征风味化合物VIP得分柱状图

由图5-9可知，C10:0、C12:0、C14:0、C16:1、C17:0和C18:1n-9t脂肪酸可能是辐照山羊奶形成异味的主要前体物质。

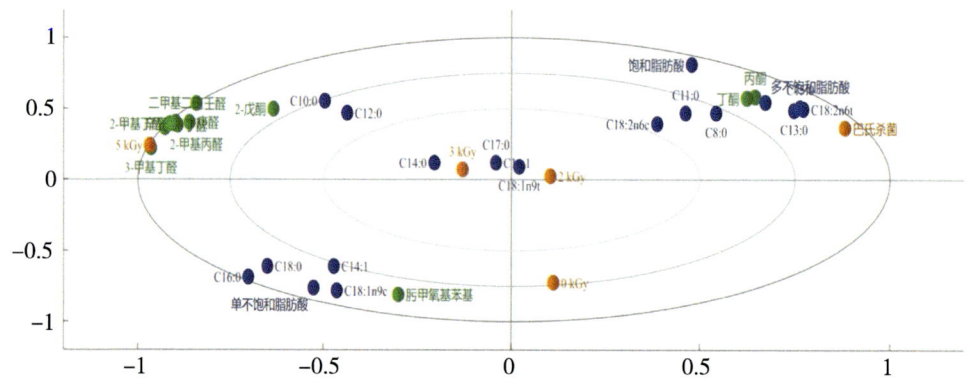

图5-9 脂肪酸组成与风味物质PLSR分析双图得分

（三）结论

巴氏杀菌和电子束辐照可使山羊奶风味发生变化，高剂量辐照可增强脂肪氧化，产生更多的风味化合物。电子束辐照剂量与山羊奶中脂肪氧化程度成正比，脂质氧化可能是导致风味变化的主要原因。电子束辐照和巴氏杀菌均降低了山羊奶中不饱和脂肪酸的含量，提高了山羊奶的风味强度。

研究成果已在 *Innovative Food Science and Emerging Technologies* 上发表，由国家重点研发计划项目（2022YFD1600101）资助。文春露为第一作者，丁武为通信作者。

文章发表信息：Wen C L, Chen Y, Madina, et al., 2023. Identification and characterization of goat milk key flavor compounds and their precursors in electron beam irradiation and pasteurization on raw. Innovative Food Science and Emerging Technologies, 87: 103416.

四、中国广西水牛品种对乳成分的影响

水牛（*Bubalus bubalis*）是全球最重要的产奶牛之一，2020年，我国水牛乳产量占世界水牛乳总产量的15.27%（1.39亿t）。与奶牛乳相比，水牛乳因其味道温和、蛋白质、脂肪、维生素和其他营养成分含量高而越来越受欢迎。水牛乳的特性会因一系列相互关联的因素而波动，包括品种、遗传、季节、喂养、动物健康和哺乳阶段等。

中国各种品种的水牛乳详细化学成分尚未得到充分研究，而脂肪和蛋白质成分对于不同奶制品加工和功能特性至关重要。因此，本研究旨在深入、全面地阐明3种水牛品种（摩拉、尼里—拉菲和地中海）水牛乳宏观和微观成分，例如脂肪谱（脂肪球大小、脂肪酸谱、极性脂质和甾醇含量）和蛋白质谱（氨基酸和蛋白质组分含量），为中国奶制品加工提供理论参考。

（一）试验方法

分别采集地中海、摩拉和尼里—拉菲水牛各10头，分别使用MilkoscanF120分析水牛乳中化学成分含量，包括：脂肪、蛋白质、乳糖、全乳固体和非脂乳固体，激光粒度

分析仪测定脂肪球尺寸分布，GC测定脂肪酸含量，UPLC-TOF-MS测定极性脂质（PLs）的组成，GC-MS测定甾醇含量，氨基酸分析仪测定氨基酸含量，RP-HPLC测定蛋白质组分。

（二）试验结果

由表5-2可知，地中海水牛乳的全乳固体（TS）和脂肪含量最高（$P<0.05$）。尼里—拉菲水牛乳的蛋白质和非脂乳固体（SNF）含量最低（$P<0.05$）。不同品种水牛乳之间乳糖含量没有显著差异（$P \geqslant 0.05$）。3个水牛品种的脂肪球直径范围为3.88~6.53μm。

表5-2 不同品种水牛乳的化学成分和脂肪球大小

水牛品种	蛋白质（%）	脂肪（%）	乳糖（%）	非脂乳固体（SNF, %）	全乳固体（TS, %）	脂肪球大小（μm）
尼里—拉菲	4.38±0.2[B]	6.84±1.2[B]	5.27±0.3[A]	9.70±0.5[B]	17.29±1.6[B]	6.53±0.7[A]
摩拉	4.91±0.2[A]	7.17±1.7[B]	5.25±0.2[A]	10.34±0.2[A]	18.23±1.8[B]	5.67±0.6[A]
地中海	5.08±0.5[A]	8.98±1.2[A]	4.98±0.5[A]	10.17±0.5[A]	20.18±1.2[A]	3.88±0.7[B]

注：不同的大写字母表示同一列的数据统计差异显著（$P<0.05$）。下同。

由表5-3可知，棕榈酸（C16:0；31.7%~34.4%）、油酸（C18:1；24.59%~27.22%）、硬脂酸（C18:0；

10.97%～14.23%）和肉豆蔻酸（C14:0；10.4%～11.0%）是所有水牛乳样品中的主要脂肪酸。地中海水牛乳脂中己酸（C6:0）、肉豆蔻脑酸（C14:1）、十五烷酸（C15:0）、十五碳烯酸（C15:1）、棕榈油酸（C16:1）、十七烷酸（C17:0）、十七碳烯酸（C17:1）、亚油酸（C18:2C）、γ-亚麻酸（C18:3 N6）和二高-γ-亚麻酸（C20:3）含量最高。摩拉水牛乳脂中硬脂酸（C18:0）、油酸（C18:1）、亚油酸（C18:2T）、二十碳烯酸（C20:1）和α-亚麻酸（C18:3 N3）含量最高。

表5-3　不同水牛品种水牛乳的脂肪酸分布　　　　（%）

脂肪酸	水牛品种		
	尼里—拉菲	摩拉	地中海
C4:0	2.34 ± 0.2^A	1.83 ± 0.2^A	1.81 ± 0.3^A
C6:0	1.42 ± 0.3^A	0.92 ± 0.3^B	1.56 ± 0.3^A
C8:0	0.70 ± 0.1^{AB}	0.64 ± 0.1^A	0.77 ± 0.2^A
C10:0	1.6 ± 0.2^A	1.5 ± 0.2^A	1.6 ± 0.3^A
C11:0	0.04 ± 0.0^A	0.05 ± 0.0^A	0.03 ± 0.0^A
C12:0	2.23 ± 0.1^A	2.16 ± 0.2^A	2.24 ± 0.3^A
C13:0	0.07 ± 0.0^A	0.08 ± 0.0^A	0.06 ± 0.0^A
C14:0	11.0 ± 1.1^A	10.4 ± 1.3^A	10.6 ± 0.8^A
C14:1	0.78 ± 0.2^B	0.79 ± 0.1^B	1.14 ± 0.2^A
C15:0	1.05 ± 0.1^B	1.08 ± 0.1^{AB}	1.19 ± 0.1^A
C15:1	0.28 ± 0.0^B	0.26 ± 0.0^B	0.37 ± 0.1^A
C16:0	33.0 ± 1.6^{AB}	31.7 ± 1.8^B	34.4 ± 1.5^A

（续表）

脂肪酸	水牛品种		
	尼里—拉菲	摩拉	地中海
C16:1	2.10 ± 0.2^B	2.07 ± 0.2^B	2.52 ± 0.3^A
C17:0	0.51 ± 0.1^B	0.54 ± 0.0^B	0.71 ± 0.0^A
C17:1	0.23 ± 0.0^B	0.26 ± 0.0^B	0.35 ± 0.1^A
C18:0	13.79 ± 0.9^A	14.23 ± 1.0^A	10.97 ± 0.8^B
C18:1	24.59 ± 1.2^B	27.22 ± 1.7^A	25.76 ± 1.7^{AB}
C18:2T	0.83 ± 0.1^A	0.87 ± 0.1^A	0.55 ± 0.2^B
C18:2C	1.67 ± 0.1^B	1.70 ± 0.1^B	1.89 ± 0.2^A
C18:3 N6	0.14 ± 0.0^B	0.14 ± 0.0^B	0.19 ± 0.0^A
C20:1	1.37 ± 0.1^B	1.59 ± 0.1^A	0.86 ± 0.2^C
C18:3 N3	0.26 ± 0.0^A	0.28 ± 0.0^A	0.21 ± 0.0^B
C20:2	0.04 ± 0.0^A	0.06 ± 0.0^A	0.06 ± 0.0^A
C20:3	0.07 ± 0.0^B	0.07 ± 0.0^B	0.08 ± 0.0^A
C20:4	0.06 ± 0.0^A	0.06 ± 0.0^A	0.07 ± 0.0^A
C22:0	0.1 ± 0.0^A	0.1 ± 0.0^A	0.09 ± 0.0^A
C20:5	0.02 ± 0.0^A	0.03 ± 0.0^A	0.02 ± 0.0^A
C22:2	0.04 ± 0.0^A	0.05 ± 0.0^A	0.06 ± 0.0^A
C24:0	0.08 ± 0.0^A	0.08 ± 0.0^A	0.09 ± 0.0^A
C24:1	0.02 ± 0.0^A	0.03 ± 0.0^A	0.03 ± 0.0^A
C22:5 N3	0.03 ± 0.0^B	0.03 ± 0.0^B	0.06 ± 0.0^A
USFA	33.18 ± 1.4^B	36.155 ± 1.8^A	34.75 ± 2.1^{AB}
SFA	67.49 ± 2.4^A	64.561 ± 2.3^B	65.94 ± 1.7^{AB}

由表5-4可知，3个水牛品种的乳脂中鉴定出了7种甾醇成分：角鲨烯、胆固醇、链甾醇、胆甾烯醇、豆甾醇、β-谷甾醇和羊毛甾醇。在这7种甾醇中，胆固醇是主要的甾醇，其含量范围为235.2～289.2mg/100g脂肪。β-谷甾醇是含量最

低的甾醇。角鲨烯是水牛乳脂中主要的次要甾醇。

表5-4　不同品种水牛乳中甾醇含量　　（mg/100g）

水牛品种	角鲨烯	胆固醇	链甾醇	胆甾烯醇	豆甾醇	β-谷甾醇	羊毛甾醇
尼里—拉菲	14.7±2.8^A	249.4±8.7^B	1.4±0.8^A	9.8±1.1^A	1.1±0.4^A	0.8±0.3^A	7.5±0.9^A
摩拉	10.2±1.9^B	235.2±8.9^C	1.5±0.3^A	7.1±1.2^{AB}	0.7±0.18^B	0.5±0.1^B	6.0±1.3^B
地中海	11.1±1.8^B	289.2±9.4^A	1.3±0.3^A	6.3±0.9^B	1.0±0.3^{AB}	0.6±0.1^B	8.4±0.9^A

由表5-5可知，3个水牛品种中谷氨酸是最丰富的氨基酸，浓度范围为18.83～19.69g/100g蛋白质，其次是脯氨酸（9.64～9.78g/100g蛋白质）和亮氨酸（9.47～9.52g/100g蛋白质），水牛品种对氨基酸含量没有显著影响（$P \geq 0.05$）。

表5-5　不同水牛品种水牛乳的氨基酸含量　　（g/100g蛋白质）

氨基酸	水牛品种		
	尼里—拉菲	摩拉	地中海
天冬氨酸	7.0±0.7^A	7.2±0.1^A	6.56±0.3^A
蛋氨酸	2.51±0.2^A	2.58±0.1^A	2.5±0.2^A
苏氨酸	4.19±0.3^A	4.21±0.31^A	4.0±0.1^A
丝氨酸	4.65±0.3^A	4.76±0.2^A	4.47±0.2^A
缬氨酸	5.84±0.5^A	5.84±0.6^A	5.84±0.4^A
苯丙氨酸	4.34±0.2^A	4.41±0.1^A	4.33±0.3^A
亮氨酸	9.52±0.6^A	9.51±0.6^A	9.47±0.6^A
酪氨酸	4.87±0.3^A	5.03±0.1^A	4.8±0.3^A
赖氨酸	7.61±0.5^A	7.67±0.1^A	7.35±0.3^A

（续表）

氨基酸	水牛品种		
	尼里—拉菲	摩拉	地中海
脯氨酸	9.74 ± 0.5^A	9.64 ± 0.2^A	9.78 ± 0.7^A
精氨酸	2.74 ± 0.2^A	2.78 ± 0.1^A	2.76 ± 0.2^A
组氨酸	2.51 ± 0.2^A	2.51 ± 0.1^A	2.43 ± 0.1^A
甘氨酸	1.74 ± 0.1^A	1.8 ± 0.1^A	1.73 ± 0.1^A
丙氨酸	2.97 ± 0.2^A	2.99 ± 0.1^A	2.82 ± 0.1^A
异亮氨酸	5.33 ± 0.3^A	5.43 ± 0.1^A	5.31 ± 0.3^A
谷氨酸	19.41 ± 0.6^A	19.69 ± 0.6^A	18.83 ± 0.4^A

由表5-6可知，水牛乳蛋白由两大类组成，即酪蛋白和乳清蛋白。不同水牛品种之间的乳蛋白组分比例存在显著差异（$P<0.05$）。尼里—拉菲水牛乳蛋白的酪蛋白组分（$α_s$-酪蛋白、β-酪蛋白和κ-酪蛋白）比例最高，摩拉水牛乳蛋白乳清蛋白（β-Lg和α-La）的含量最高。

表5-6 不同品种水牛乳的蛋白质成分（总蛋白质含量的百分比）

水牛品种	κ-CN	αs-CN	β-CN	α-LA	β-LG
尼里—拉菲	13.4 ± 0.6^A	36.5 ± 0.5^A	35.5 ± 1.7^A	4.98 ± 0.5^C	8.97 ± 1.3^B
摩拉	11.8 ± 0.7^C	33.7 ± 1.7^B	28.4 ± 1.9^B	9.7 ± 1.5^A	16.3 ± 1.1^A
地中海	12.6 ± 0.7^B	34.2 ± 1.3^B	30.4 ± 1.8^B	7.7 ± 1.6^B	15.1 ± 1.3^A

（三）结论

与摩拉和尼里—拉菲两个品种的水牛乳相比，地中海水牛乳的蛋白质、脂肪和总固形物含量以及大多数脂肪酸的含量更高。水牛品种对水牛乳中的乳糖含量没有影响。摩拉水牛乳脂肪球直径最大。摩拉水牛乳的乳脂中总不饱和脂肪酸含量较高。地中海水牛乳的乳脂中胆固醇浓度较高。水牛品种对水牛乳的氨基酸谱没有显著影响。尼里—拉菲水牛乳蛋白富含酪蛋白，摩拉水牛乳蛋白富含乳清蛋白。品种差异对水牛乳成分的影响很大，这对奶制品加工来说是一个重大挑战，需要进一步的研究来确定与产品质量相关的重要成分和加工相关性的组合。

研究成果已在 *Foods* 上发表，由国家重点研发计划（2022YFD1600102），广西科技重大专项（AA22068099-7），南宁市创新创业领军人才项目"邕江计划"（2021018），广西国家现代农业产业技术体系创新团队建设（nycytxgxcxtd-2021-21-02）资助。马哈茂德·阿卜杜勒·哈米德（Mahmoud Abdel-Hamid）为第一作者，李玲为通信作者。

文章发表信息：Abdel-Hamid M，Huang L，Huang Z，et al.，2023. Effect of buffalo breed on the detailed milk composition in Guangxi，China. Foods，12：1603.

五、水牛初乳及常乳乳清蛋白中免疫性差异蛋白质组分析

乳清蛋白因更容易被人体消化吸收且含有丰富的免疫球蛋白、乳铁蛋白及小分子活性肽，并具有降血糖、抗氧化和改善免疫力等功能，被认为是优质蛋白质补充剂而广泛应用在婴幼儿奶制品、功能性食品以及特需食品中。水牛乳中乳清蛋白含量为7.2～16.5g/L，是牛乳的2倍，且其中的免疫球蛋白、乳铁蛋白、乳过氧化物酶等含量均比牛乳高，是开发水牛特殊营养的优质基料。

近年来，利用蛋白质组学技术研究水牛乳清蛋白的定量方法已经建立，研究表明水牛乳清蛋白的蛋白质组成和功能在不同品种（摩拉、尼里—拉菲、地中海）及不同泌乳阶段间（初乳和常乳）均有差异。然而目前对水牛乳营养特征性成分特别是不同泌乳阶段水牛乳中的免疫功能因子的发掘与利用并不充分，找到其中优势的功能活性成分并应用到水牛奶制品中，对水牛奶产品的创新升级有重要意义。

因此，本研究通过TMT蛋白质组学技术，解析水牛初乳与常乳乳清蛋白中具有相关免疫功能的蛋白质，并用生物

信息学方法表征水牛初乳与常乳乳清中免疫性差异蛋白的功能。

（一）试验方法

分别采集水牛初乳（0～3天）及常乳（60天）各12份（摩拉和地中海各6份），每组样品试验前混合均匀。将样品进行前处理除去酪蛋白沉淀获得乳清蛋白。乳清蛋白酶解并对肽段进行标记，标记好的肽段利用LC-MS/MS测定，并进行数据分析。

（二）试验结果

由图5-10可知，水牛初乳和常乳中具有相关免疫功能的差异蛋白质49种，其中地中海水牛初乳和常乳中的免疫性差异蛋白为33种，摩拉水牛初乳和常乳中的免疫性差异蛋白为41种。免疫性差异蛋白大多在水牛初乳中表达量更高。

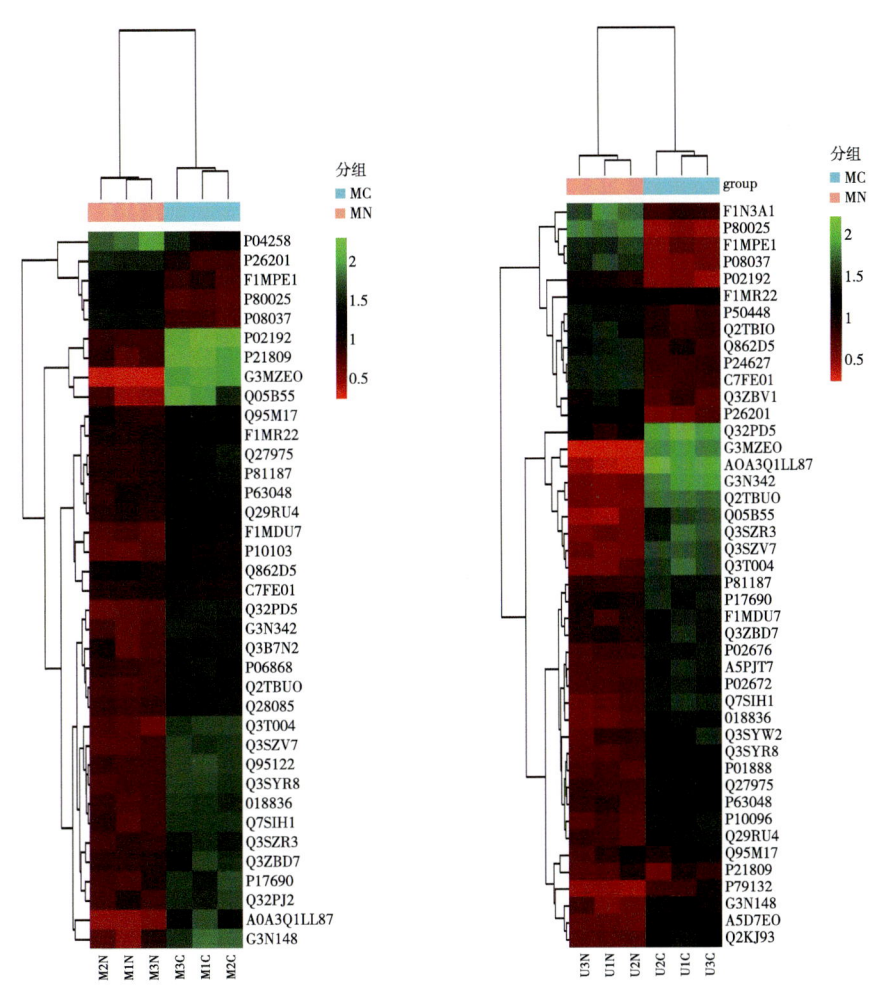

UC，摩拉初乳；UN，摩拉常乳；MC，地中海初乳；MN，地中海常乳。

图5-10 水牛初乳与常乳乳清蛋白中免疫性差异蛋白聚类分析

由表5-7可知，免疫球蛋白样结构域蛋白、IGK蛋白、血清淀粉样蛋白P组分、血红素、未定义蛋白等是水牛初乳中主要的高表达量免疫性差异蛋白；乳过氧化物酶、β-1,4-半乳糖基转移酶1、CD109分子、乳铁蛋白、乳转铁蛋白等是水牛常乳中主要的高表达量免疫性差异蛋白。

表5-7 水牛初乳和常乳乳清蛋白中高表达量的免疫性差异蛋白

组别	蛋白名称	Uniprot登录号	变化倍数
水牛初乳	免疫球蛋白样结构域蛋白质	G3X7I5	7.9
	免疫球蛋白样结构域蛋白质	G5E6I6	4.0
	IGK蛋白	Q05B55	3.4
	血清淀粉样蛋白P组分	Q3T004	2.6
	血红素	Q3SZV7	2.5
	未定义蛋白	G3N342	2.5
	单核细胞分化抗原CD14*	Q95122	2.3
	触珠蛋白	Q2TBU0	2.3
	α-1-酸性糖蛋白	Q3SZR3	2.2
	40S核糖体蛋白S19	Q32PD5	2.1
	α-2-巨球蛋白	Q7SIH1	2.1
	免疫球蛋白样结构域蛋白	G3N148	2.0
	生长因子8	O18836	2.0
	载脂蛋白A-IV*	Q32PJ2	2.0
	免疫球蛋白J链	Q3SYR8	1.9
	α-肌动蛋白-1*	Q3B7N2	1.8
	β2糖蛋白1	P17690	1.8
	ECM1蛋白**	A5PJT7	1.8
	补体因子H*	Q28085	1.8
水牛常乳	乳过氧化物酶	P80025	2.5
	β-1,4-半乳糖基转移酶1	P08037	2.3
	CD109分子	F1MPE1	2.0
	血小板反应蛋白-1**	F1N3A1	2.0
	CD36血小板糖蛋白4	P26201	1.9
	乳铁蛋白**	C7FE01	1.9
	乳转铁蛋白**	P24627	1.8

注：*表示地中海水牛乳；**表示摩拉水牛乳；变化倍数为初乳/常乳。

（三）结论

在具有定量信息的水牛初乳和常乳乳清蛋白中鉴定出49种免疫性差异蛋白，免疫球蛋白样结构域蛋白、IGK蛋白、血清淀粉样蛋白P组分、血红素、未定义蛋白等是水牛初乳中主要的高表达量免疫性差异蛋白；乳过氧化物酶、β-1,4-半乳糖基转移酶1、CD109分子、乳铁蛋白、乳转铁蛋白等是水牛常乳中主要的高表达量免疫性差异蛋白。这些免疫性差异蛋白主要参与的生物过程为免疫系统过程、防御反应、应激反应；主要参与的细胞组分为胞外区域、血液微粒；主要参与的分子功能为结合受体。补体和凝血级联、产生IgA的肠道免疫、造血细胞系和NF-κB信号通路是差异蛋白主要参与的代谢通路。利用蛋白质网络相互作用分析发现，触珠蛋白、α-1-酸性糖蛋白、血清淀粉样蛋白P组分、血红素等是水牛乳中的高连接度蛋白。免疫性差异蛋白主要在初乳中表达，水牛初乳对构建和调节机体免疫过程比常乳更具优势。

研究成果已在《中国食品添加剂》上发表，由国家重点研发计划（2022YFD1600102）资助。黄子珍为第一作者，曾庆坤为通信作者。

发表文章信息：黄子珍，杨攀，黄丽，等，2023.基于蛋白组学技术分析水牛初乳及常乳乳清蛋白中免疫性差异蛋白质组.中国食品添加剂，34（11）：54-60.

六、不同粗饲料对驴乳脂质和挥发性物质的影响

驴乳含有生物活性物质，特别是脂质，可直接或间接调节肠道环境的免疫力，影响葡萄糖和脂质代谢，降低骨骼肌中脂肪的堆积。乳脂不仅是牛奶质量的重要标志，还在促进婴儿大脑发育、调节细胞周期和钙吸收、减少炎症因子、减少骨骼肌脂质积累等方面发挥着重要作用。研究表明，饲料是影响乳脂和挥发性化合物（VOCs）谱的最重要因素。粗饲料的质量影响饲料的能量含量，占到驴饲料的50%~80%。研究表明，优质的粗饲料可以提高动物的干物质摄入量，影响乳腺对FA的摄取，进而提高产奶量、乳蛋白含量和乳脂含量，从而改变乳脂质谱。

因此，本研究采用LC-MS和GC-MS技术，对驴乳的脂质和挥发性物质进行分析，并且探讨了粗饲料种类对驴乳脂质和挥发性物质的影响，以更好地了解其特性。

（一）试验方法

选取27头健康的、4~5岁的泌乳期母驴，分别饲喂德州驴玉米秸秆（G1组）、小麦壳（G2组）和小麦秸秆（G3组），饲喂4周。试验结束后，每头试验驴采集乳100mL，进行乳成分、脂质和VOCs分析。采用Shim-pack UFLC

SHIMADZU CBM30A UPLC系统，ACQUITY UPLC® BEH C18色谱柱（2.1mm×100mm，1.7μm）进行色谱分离。采用顶空固相微萃取萃取驴乳中VOCs，通过装有毛细管柱（DB-5MS，30m×0.25mm×0.25μm）的GC进行分离和鉴定。VOCs通过NIST质谱库和保留指数以及搜索软件鉴定。

（二）试验结果

由图5-11可知，共检测到1 841个脂质，属于29个亚类，包括64.86% GL，17.71% GP，8.47% SP，2.18% ST，1.14% FAs和5.64%衍生脂质等6个大类。在玉米秸秆组中，TG和MG的相对含量高于小麦秸秆组，而小麦秸秆组中PC、PE、PG、PI、SM、酵母甾醇（Zymosteryl，ZyE）和双甲基

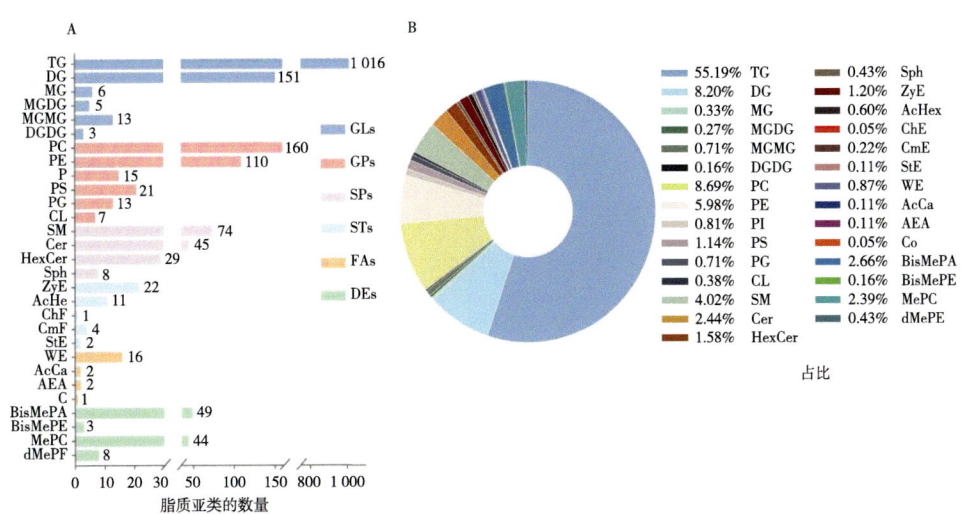

图5-11 驴乳脂质组成

磷脂酸（Bis-methylphosphatidic acid，BisMePA）的含量高于玉米秸秆组。

由图5-12可知，共鉴定出153个差异脂质，包括126个TGs、6个DGs和9个PLs等。此外，在DG、BisMePA和Cer与其他脂质种类，特别是TG之间观察到广泛的关联。

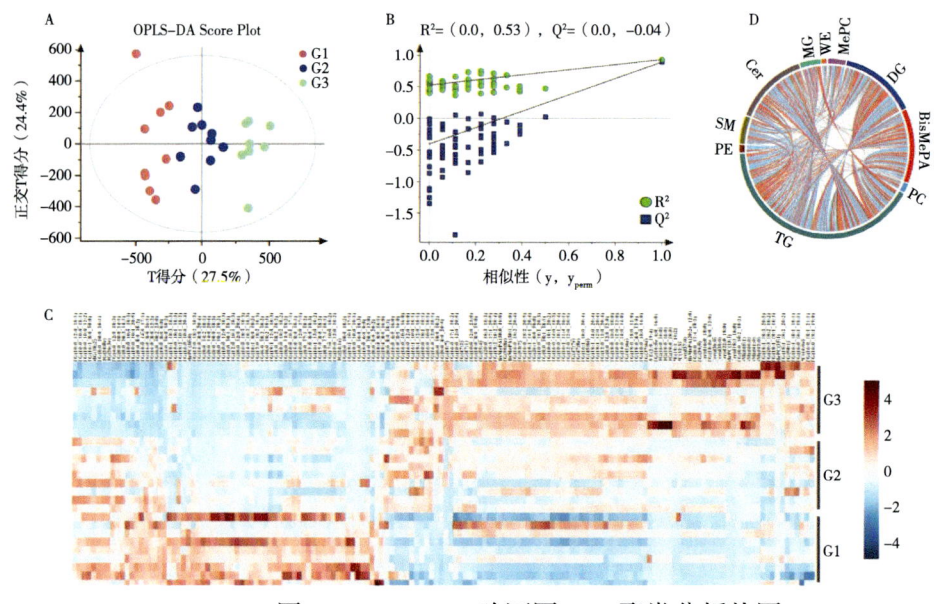

A. OPLS-DA图；B. OPLS-DA验证图；C. 聚类分析热图；
D. 差异脂质关联的弦图（红色正相关，蓝色负相关）。

图5-12 差异脂质

由图5-13可知，共鉴定出45个VOCs，15个烃类、6个杂环化合物和6个酮类等。杂环化合物含量最高，其次是氮化合物和酯类。氮化合物、酚类、酮类和烃类在玉米秸秆组中显著高于小麦壳和小麦秸秆组，而酯类和醇类则相反。玉米秸秆组中最常见的物质是4-氨基-2（1h）-吡啶酮，而小麦壳和小麦秸秆组中浓度最高的物质是4,6-二甲基-异噻唑吡啶-3-酮。差异分析发现，三组具有显著区分，共筛选出31个显著差异VOCs。1-甲基-1-羟甲基孤立烷、1-乙基-2,4-二甲基-苯甲醛、3-（乙酰氧甲基）-2,2,4-三甲基环己醇、甲酸甲酯-3-辛烯酸、4-（1,1-二甲基乙基）-苯乙醛、1-（1-环己烯-1-基）-1-丙酮和4,4,5-三甲基-2-环己烯-1-酮等20个VOCs

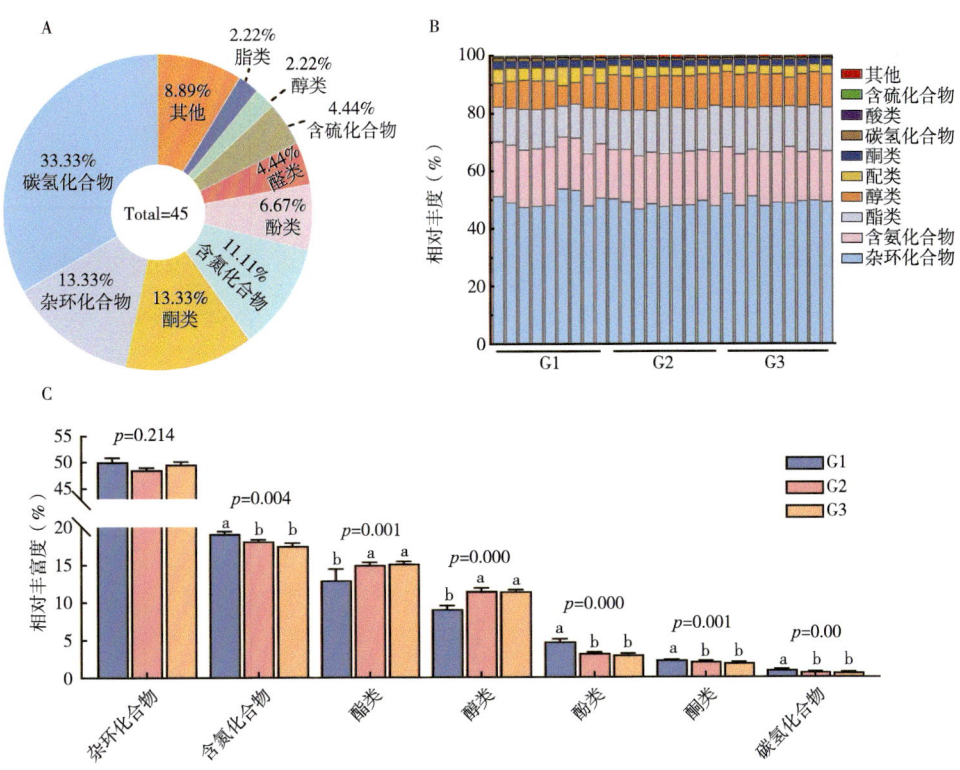

A. VOCs的数量占比；B. VOCs的含量占比；C. VOC含量。

图5-13　VOCs定性分析

的含量在小麦壳和小麦秸秆组中显著高于玉米秸秆组，而2-甲基-壬烷和乙酰肼基甲酸乙酯的含量较低。

（三）结论

本研究发现，驴乳脂质和挥发性物质组成的改变可能是由粗饲料的差异引起的。共检测到1 842种脂质，153种差异脂质，主要涉及GP和SP代谢途径。饲喂玉米秸秆的驴乳中GL含量明显增加，而饲喂小麦秸秆的驴乳中GP和SP含量明显增加。此外，45种挥发性物质中有31种差异挥发性物质，主要是酯类、醇类和酚类，与玉米秸秆相比，饲喂小麦壳和小麦秸秆的驴乳中这些物质含量明显增加。这为了解驴乳的质量提供了宝贵信息，为泌乳期驴饲养提供了新视角。

研究成果已在*Foods*上发表，由国家重点研发计划（2022YFD1600103）和山东省自然科学基金（ZR2022QC130）资助。任薇为第一作者，李孟孟和王长法为通信作者。

发表文章信息：Ren W, Sun M, Shi X, et al., 2023. Effects of roughage on the lipid and volatile-organic-compound profiles of donkey milk. Foods，12（11）：2231.

七、日粮添加酵母多糖对德州驴产奶量、驴乳常规指标、免疫指标及血液代谢组的影响

德州驴是我国著名的地方驴品种,具有体型高大、生长速度快和耐粗饲等特点。研究表明,驴乳蛋白氨基酸种类齐全,含多种矿物元素,维生素C含量高,是人体必需脂肪酸的最佳来源之一,但德州驴泌乳期相对较短,且产奶量仅约4kg/天,严重阻碍了驴产品的多元性利用与开发。如何有效提高德州驴的泌乳能力成为近年来的研究热点。酵母多糖(Yeast polysaccharide,YPS)是一种功能性多糖复合物,具有增强免疫力和促进家畜、家禽生长的特性。此外,研究表明,酵母多糖能够增加奶牛的泌乳性能,但其在驴上的研究相对较少。本研究旨在探究日粮添加酵母多糖对泌乳初期母驴及其驴驹泌乳性能、血液生化与免疫指标、血浆代谢组的影响。

(一)试验方法

试验选取泌乳初期、胎次相同的德州母驴及其驴驹各12头,单栏饲养,将圈栏随机分为处理组与对照组,每组6个重复。对照组饲喂基础日粮,处理组为基础日粮添加10g

YPS/圈。试验期30天，预饲期7天，正试期23天。试验结束日前一天，测定产奶量，同时从每个样品中分离出3份2mL驴奶样品，-80℃保存待测。试验结束当天晨饲前，对每头驴分别收集一管10mL EDTA采血管血液，经离心机3 000×g离心10min，分离血浆，进行代谢组学测定。

（二）试验结果

由表5-8可知，日粮中添加酵母多糖可提高德州驴产奶量，但差异不显著（$P>0.05$）。驴乳乳成分分析结果显示，各指标均无显著差异（$P>0.05$）。

表5-8 德州驴产奶量及乳成分分析结果

项目	JZ	JC	SEM	P
脂肪（%）	0.06	0.06	0.012	0.850
蛋白质（%）	1.24	1.39	0.154	0.497
乳糖（%）	6.47	6.55	0.128	0.688
全乳固体（%）	8.85	8.93	0.137	0.665
非脂乳固体（%）	8.82	8.89	0.156	0.736
尿素（%）	10.92	11.54	0.877	0.625
乳铁蛋白（%）	9.18	9.28	0.157	0.667
多不饱和脂肪酸（%）	0.18	0.18	0.004	0.628

（续表）

项目	JZ	JC	SEM	P
产奶量1（mL）	713.3	646.7	94.7	0.63
产奶量2（mL）	717.5	648.3	93.4	0.65

注：JZ，试验组母驴；JC，对照组母驴。

由图5-14可知，日粮中添加酵母多糖可增加德州驴驴乳中免疫蛋白的含量，但差异不显著（$P>0.05$）。

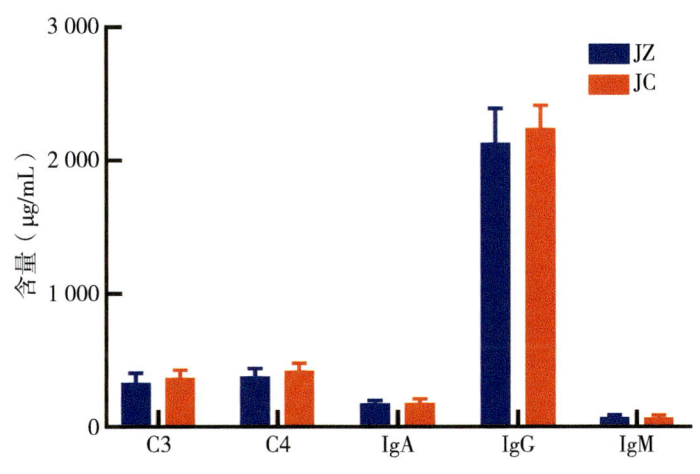

图5-14 驴乳中免疫指标的比较

IgA，免疫球蛋白A；IgG，免疫球蛋白G；IgM，免疫球蛋白M；C3，补体C3；C4，补体C4。

由图5-15可知，在母驴样品中一共有493种代谢产物在YPS组和对照组之间差异表达（VIP>1，$P<0.05$），其中有26种代谢产物上调，48种代谢产物下调。在驴驹样品，共检测到493种代谢物，有32种上调，6种下调。

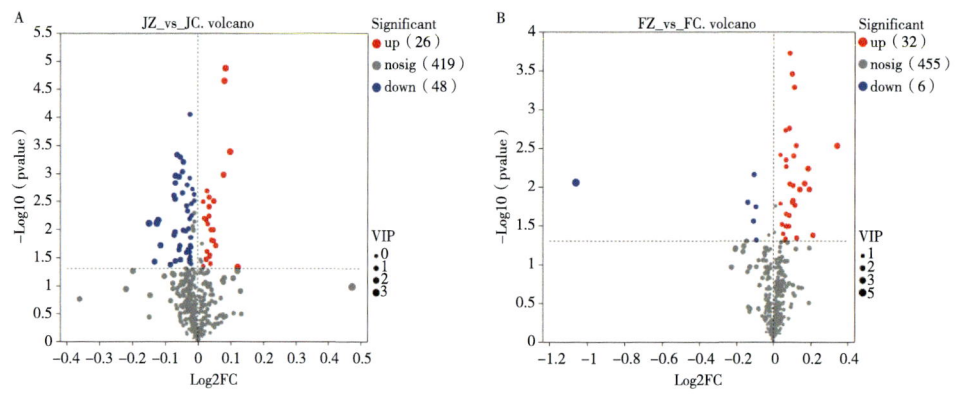

图5-15 组间差异火山图分析

A.JZ组和JC组火山散点图对比；B.FZ组和FC组火山散点图对比。
注：红色和蓝色分别代表上调和下调的代谢物，灰色为没有出现差异的代谢产物。

由图5-16可知，JZ组与对照组相比，30种差异最显著的代谢物中有8种代谢物表达上调，22种代谢物表达下调（VIP>1）。这些化合物主要属于碳水化合物和碳水化合物缀合物、脂肪酸和缀合物、有机酸和衍生物、脂类和类脂质分子、有机杂环化合物以及苯及其取代衍生物。在驴驹中，FZ组与对照组相比，30种差异最显著的代谢物中有24种代谢物表达上调，6种表达下调（VIP>1）。这些代谢物主要包括苯类化合物、有机酸、碳水化合物和氨基酸。

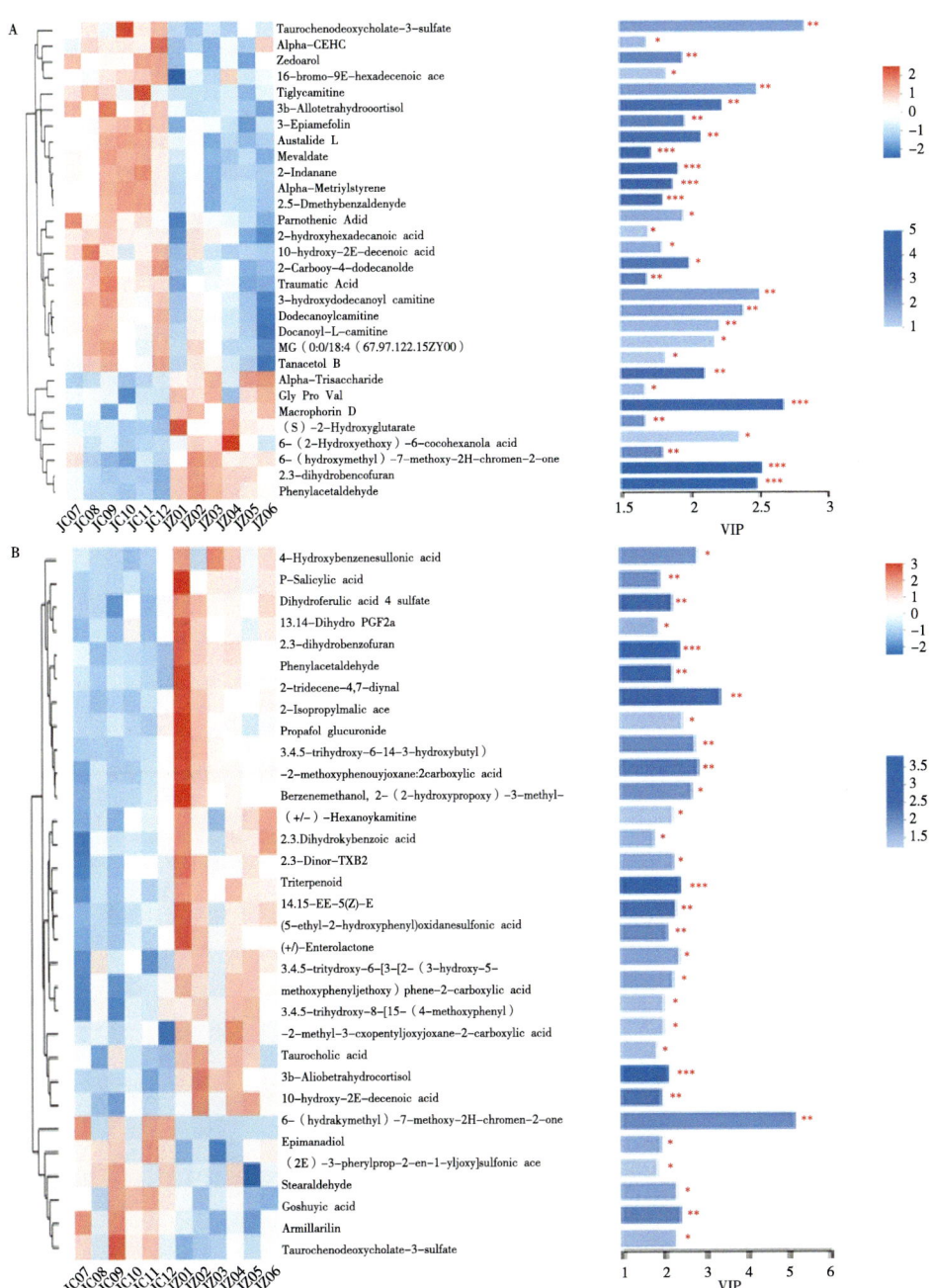

图5-16 排序前30种已鉴定的代谢产物的层次聚类分析和热图分析

A. 母驴的热图;B. 驴驹的热图。

注:列是离散的代谢物,行是单独的样本。色阶表示代谢物的相对数量:红色表示较高水平;蓝色表示较低水平;白色表示不变。显著性水平定义为 *,$P<0.05$;**,$P<0.01$;***,$P<0.001$。

（三）结论

日粮添加YPS对产奶量及乳成分没有显著影响。此外，日粮添加YPS诱导母驴和驴驹血浆代谢组发生改变，主要表现为脂质和脂类分子的改变，包括叶酸、三萜类化合物、牛黄胆酸、3,14-Dihydro PGF2a等代谢产物水平显著提高（P<0.05），这说明YPS可能具有促进动物类固醇激素合成的作用，进而促进驴的生长性能。该研究为YPS在泌乳母驴的实践应用提供了理论依据。

研究成果已在 *Frontiers in Microbiology* 上发表，由国家重点研发计划（2022YFD1600103）和山东省现代农业产业技术体系驴产业创新团队建设项目（SDAIT-27）等基金资助。黄炳舰为第一作者，张振威和王长法为通信作者。

发表文章信息：Huang B, Khan M Z, Chen Y, et al., 2023. Yeast polysaccharide supplementation: impact on lactation, growth, immunity, and gut microbiota in Dezhou donkeys. Frontiers in Microbiology, 14: 1289371.

参考文献

新京报,2023-5-31[2024-3-30]. 2023中国奶商指数持续提升,"Z世代"成喝奶主力军[EB/OL]. https://my.mbd.baidu.com/r/1kiydFaoJlS? f=cp&u=75c7b039090e68f2尼尔森IQ.

国家市场监督管理总局食品安全抽检监测司,2024-04-29. 市场监督管理总局关于2023年市场监管部门食品安全监督抽检情况的通知[EB/OL]. https://www. samr. gov. cn/spcjs/xxfb/art/2024/art_3d4d6b55f1f843b8b7cbce90d002186e.html.

国家统计局,2024-02-29. 中华人民共和国2023年国民经济和社会发展统计公报[EB/OL]. https://www. gov. cn/lianbo/bumen/ 202402/ content_6934935. htm.

经济观察报,2024-3-21[2024-5-31]. 2024年中国食品饮料行业展望[EB/OL]. https://m.163.com/dy/article/ITQ4QQVM05199DKK.html?spss=adap_pc.

中华人民共和国海关总署，2023-12-18. 统计月报数据[EB/OL]. http://www.customs.gov.cn/.

CONESA C, ROTA C, CASTILLO E, et al., 2010. Effect of heat treatment on the antibacterial activity of bovine lactoferrin against three foodborne pathogens[J]. International Journal of Dairy Technology, 63: 209-215.

HERNANDEZ-LEDESMA B, RECIO I, AMIGO L, 2008. Beta-lactoglobulin as source of bioactive peptides[J]. Amino Acids, 35: 257-265.

KRAUSE R, KNOLL K, HENLE T, 2003. Studies on the formation of furosine and pyridosine during acid hydrolysis of different Amadori products of lysine[J]. European Food Research and Technology, 216: 277-283.

LAN X Y, WANG J Q, BU D P, et al., 2010. Effects of heating temperatures and addition of reconstituted milk on the heat indicators in milk[J]. Journal of Food Science, 75: 653-658.

LEE A P, BARBANO D M, DRAKE M A, 2017. The

influence of ultra-pasteurization by indirect heating versus direct steam injection on skim and 2% fat milks[J]. Journal of Dairy Science, 100: 1688-1701.

LEGRAND D. 2016. Overview of lactoferrin as a natural immune modulator[J]. The Journal of Pediatrics, 173: S10-S15.

LI H Y, YANG H G, LI P, et al., 2019. Effect of heat treatment on the antitumor activity of lactoferrin in human colon tumor (HT29) model[J]. Journal of Agricultural and Food Chemistry, 67: 140-147.

LIU H C, CHEN W L, MAO S J T, 2007. Antioxidant nature of bovine milk β-lactoglobulin[J]. Journal of Dairy Science, 90: 547-555.

OKUBO K, KAMIYA M, URANO Y, et al., 2016. Lactoferrin suppresses neutrophil extracellular traps release in inflammation[J]. EBioMedicine, 10: 204-215.

PUDDU P, LATORRE D, CAROLLO M, et al., 2011. Bovine lactoferrin counteracts Toll-like receptor mediated activation signals in antigen presenting cells[J]. PLoS One,

6：e22504.

RITOTA M，Di COSTANZO M G，MATTERA M，et al.，2017. New trends for the evaluation of heat treatments of milk[J]. Journal of Analytical Methods in Chemistry，2017：1864832.

WANG M，WANG L，LYU X，et al.，2022. Lactulose production from lactose isomerization by chemo-catalysts and enzymes：Current status and future perspectives[J]. Biotechnology Advances，60：108021.

致 谢

衷心感谢以下单位和项目的支持：

农业农村部农产品质量安全监管司

农业农村部畜牧兽医局

农业农村部农垦局

农业农村部奶产品质量安全风险评估实验室（北京）

农业农村部奶及奶制品质量监督检验测试中心（北京）

农业农村部奶及奶制品质量安全控制重点实验室

国家奶业科技创新联盟

国家奶产品质量安全风险评估重大专项

农产品（生鲜乳、复原乳）质量安全监管专项

国家奶牛产业技术体系

中国农业科学院科技创新工程

国家重点研发计划